永遠に捨てない服が着たい

太陽の写真家と
子どもたちのエコ革命

今関信子 著

汐文社《ちょうぶんしゃ》

もくじ

（一）ゆびきりげんまん

お年寄《としよ》りが、世間話《せけんばなし》のように、気楽に話しています。

「織田信長《おだのぶなが》が天下を取《と》ろうとしていたころ、暑《あつ》い、暑《あつ》い言うても、夏の最高気温《さいこうきおん》は、二十八度やったんやて。」

「去年《きょねん》の夏、猛暑《もうしょ》って言うてたやない？　京都の最高気温《さいこうきおん》、三十八度やったんやて。それに三十五度以上《いじょう》の日が、三十五日もあったそうやわ。猛暑日《もうしょび》って言う日が、一か月以上《いじょう》もあったわけやね。暑《あつ》いはずやわ。」

「四百年くらいの間に、気温《きおん》が、高くなってしもたんやな。」

「じわじわ、じわじわ、温《あたた》かくなってきて、自分の子どものころのように、寒《さむ》い冬はのうなった。『地球温暖化《ちきゅうおんだんか》』って、いうんやと。」

竜巻《たつまき》を身近《みぢか》に体験《たいけん》した人が、興奮《こうふん》してしゃべります。

「わたしゃあ、じきに八十になるけれど、竜巻《たつまき》なんぞ、このあたりでは今まで聞いたこともなかった。おそろしいこと。」

「この間の雨は、集中豪雨《しゅうちゅうごうう》でしょ。洪水《こうずい》になるほどはげしく降《ふ》るなんて、以前《いぜん》にはありませんでしたよ。」

「気候《きこう》がおかしくなっているんじゃないかな。」

世界《せかい》のあちこちで、悲鳴《ひめい》があがります。

「海面《かいめん》が上がっています。もし、氷河《ひょうが》がとけると、もっと海面《かいめん》が高くなって、わたしたちの国、フィジーだけでなく、マーシャル諸島《しょとう》やツバルといった南の島《しま》は、そっくりなくなってしまうかもしれません。」
「海水温《かいすいおん》の上昇《じょうしょう》が原因《げんいん》で、サンゴが真《ま》っ白になっています。死《し》んだのです。」
「異常《いじょう》気象《きしょう》です。雨が降《ふ》らなくなりました。畑が、今は、砂漠《さばく》のようになりました。」

一九七〇年ごろには、地球《ちきゅう》の気温《きおん》が、だんだん高くなっていることが、わかっていました。ふだんのさりげない会話の中に、世界《せかい》のニュースの中に、「地球温暖化《ちきゅうおんだんか》」のことが、しばしば顔を出すようになったのは、一九八〇年ごろからでしょうか。各国《かっこく》の政治家《せいじか》、学者《がくしゃ》、環境問題《かんきょうもんだい》にとりくんでいる人たちが、集《あつ》まって相談《そうだん》し始《はじ》めました。気象《きしょう》の変化《へんか》によって起《お》こる災害《さいがい》を、放《ほう》っておけなくなったのです。

一九九二年、ブラジルのリオデジャネイロで開《ひら》かれた「地球《ちきゅう》サミット」で、世界《せかい》の一八〇か国から集《あつ》まった人たちが、地球温暖化《ちきゅうおんだんか》をふせごうと約束《やくそく》しました。

一九九五年には、約束《やくそく》を具体的《ぐたいてき》に実行《じっこう》するために、話し合いました(COP1)。

そして、一九九七年、地球《ちきゅう》温暖化《おんだんか》を食い止めるために、世界《せかい》の国々が、やるべきことを決《き》める会議《かいぎ》(COP3)が、開《ひら》かれました。会場は、国立京都国際会館《こくさいかいかん》と決《き》まりました。日本中が、いや世界中《せかいじゅう》が、関心《かんしん》をよせる会議《かいぎ》です。

京都の子どもたちは、この機会《きかい》に、今まで以上《いじょう》に環境《かんきょう》について、しっかり学んでいこうとしました。

京都市立粟田《あわた》小学校では、自分たちも、「子ども環境《かんきょう》サミット」を、ひらくことにしました。

大人のサミットは、できるかぎり多くの国が参加《さんか》するようによびかけます。いろいろな立場、いろいろな状況《じょうきょう》から、意見《いけん》が出たほうが、みんなのためになると考えたからです。

粟田《あわた》小学校の子どもたちは、全員参加《ぜんいんさんか》の会議《かいぎ》にしました。

一回目は、それぞれの学年から代表者《だいひょうしゃ》が選《えら》ばれて、環境《かんきょう》について意見《いけん》をのべました。一年生は一年生らしい、六年生は六年生らしい考えの発表《はっぴょう》でした。

でも、みんなで考えようとすると、まとめにくいのです。

二回目の会議《かいぎ》を、準備《じゅんび》しているときでした。

「低学年《ていがくねん》の子たちが、『地球温暖化《ちきゅうおんだんか》』のことを、考えやすい工夫《くふう》ができないかな。」

女の子が、言いにくそうに口をひらきました。

「聞くのはずかしいんやけど……、どうして地球《ちきゅう》は温《あたた》かくなったん。」

「ぼくも、よくわからへん。」

「知ったかぶりせんと、みんなが、わかるようになったらいいな。」

みんなが、うなずきます。

「ただ言葉《ことば》で説明《せつめい》するより、見えるものがあったほうがいいな。」

世界と日本の平均気温偏差※の変化

※平均気温から1971〜2000年の30年平均値を差し引いたもの

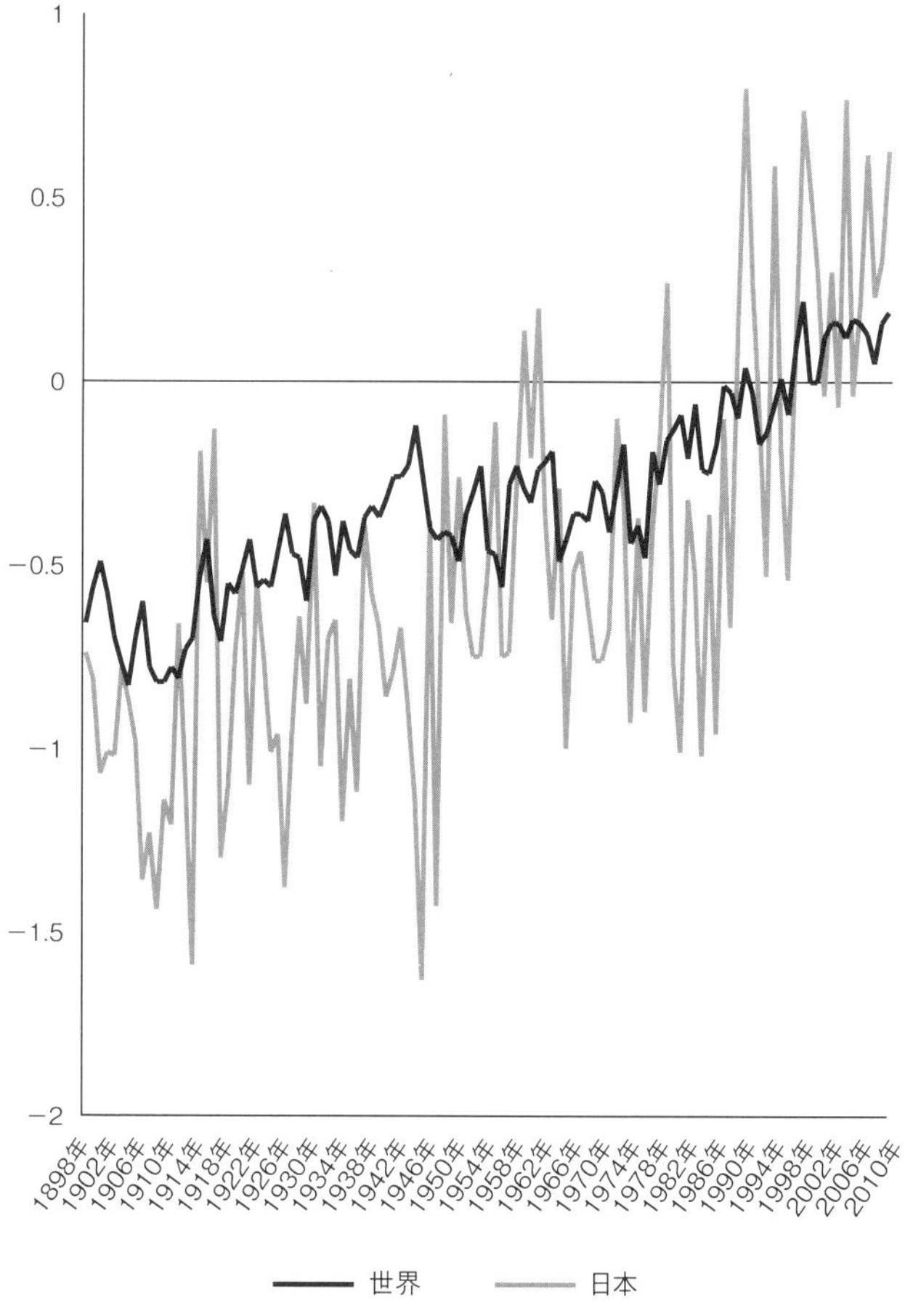

「『これが、地球温暖化《ちきゅうおんだんか》の犯人《はんにん》です。』とか、見せられたら、ようわかるんやけどなあ。」

笑《わら》い声があがりました。そのとき、ひざをたたいて、六年生が立ちあがりました。

「いいこと思いついた。劇《げき》だよ。劇《げき》をすればいいんだよ。」

集《あつ》まっていたみんなは、いっしゅん、ぽかんとしましたが、すぐ、その方法《ほうほう》は、「子どもサミット」にぴったりだと気がつきました。

さっそく劇《げき》に出る人をつのりました。三年生以上《いじょう》です。五年生と六年生は、全員《ぜんいん》が参加《さんか》することになりました。シナリオは、準備会《じゅんびかい》のメンバーのアイディアをいかして、作ることにしました。先生も協力《きょうりょく》してくれます。何日もかからないで、「エコマンと二酸化炭素《にさんかたんそ》マン」というタイトルのシナリオができました。

ストーリーは、子どもたちが「温暖化《おんだんか》なんて関係《かんけい》ないよ」と、話しているところへ、エコマンがあらわれて、子どもたちを五十年後の地球《ちきゅう》へ連《つ》れていきます。そこは、

「子ども環境サミット」で「エコマンと二酸化炭素マン」の劇をする子どもたち

木々はやせおとろえ、美《うつく》しい水はなく、砂《さ》漠《ばく》化《か》がすすんでいました。あたらしい病《びょう》気《き》がはやり、人間だけでなく、動《どう》物《ぶつ》もバタバタ死《し》んでいきます。

エコマンは、どうしてこんなことになったのか、地《ち》球《きゅう》温《おん》暖《だん》化《か》のしくみを、わかりやすく教えてくれます。多すぎる二《に》酸《さん》化《か》炭《たん》素《そ》が、原《げん》因《いん》だとも教えます。

子どもたちは、二《に》酸《さん》化《か》炭《たん》素《そ》を減《へ》らそうとします。

が、二《に》酸《さん》化《か》炭《たん》素《そ》マンは、平《へい》気《き》です。人間が、自分たちの味《み》方《かた》だと、信《しん》じているのです。

今までだって、どんどん増《ふ》えたし、これからだって、どんどん増《ふ》える。そのうち、二《に》酸化炭素《さんかたんそ》が、地球《ちきゅう》をのっとるのだとはりきります。

クライマックスは、エコマンと二酸化炭素《にさんかたんそ》マンの戦《たたか》いです。

劇《げき》はここまでです。

「この戦《たたか》いを終《お》わらせるのは、人間たちの智恵《ちえ》です。見ているみなさんも、戦《たたか》いに参《さん》加《か》してください。エコマンに味方《みかた》してください。」

と、よびかけることになっています。

そして、みんなで話し合おうと言うのです。

みんなは、しんけんでした。だれも練習《れんしゅう》をさぼったりしませんでした。

当日は、お父さん、お母さん、地域《ちいき》の人も見にきました。そして、劇《げき》を見た人みんなが、思ったことや考えたことを話し合いました。ときどき、二酸化炭素《にさんかたんそ》マンが言ったことや、エコマンが言ったことを、思い出しながら考えていきます。

「自動車《じどうしゃ》は二酸化炭素《にさんかたんそ》を、ようけ出しとるな。」

「電気自動車《じどうしゃ》にしたらええのとちがいますか。」

「火力発電所《かりょくはつでんしょ》なんか、電気を作るまでに、二酸化炭素《にさんかたんそ》を出してますよ。」

「わたしらができることというたら、ゲームやテレビやろ。」

「やるなって言うんか。」

「それって、はんたい。ぼく、ゲーム好《す》きやねん。」

「その意見《いけん》、二酸化炭素《にさんかたんそ》マンのおうえんしてるんとちがう。」

「そやわ。」

意見《いけん》は、とぎれることなく、あとからあとから出てきます。

「子どもらが、こんなにがんばっているのに、大人も、何かせなあきまへんで。」

大人たちの話し合いが、始《はじ》まりました。

国立京都国際会館《こくさいかいかん》では、世界《せかい》一六〇か国から集《あつ》まった人たちの、熱心《ねっしん》な話し合いが続《つづ》けられました。

どの国も、自分の国にとって損《そん》な約束《やくそく》にならないようにがんばるので、なかなかまとまらず、これでは大切な約束《やくそく》ができないかな、と思えるときもありました。

でも、ねばり強く話し合った結果《けっか》、「京都議定書《きょうとぎていしょ》」ができました。議定書《ぎていしょ》というのは、国と国の間にできた約束《やくそく》、条約《じょうやく》の一種《いっしゅ》です。

子どもなら、やっとできた約束《やくそく》をよろこんで、「ゆびきりげんまん、うそついたら針《はり》千本のーます」と、はれやかに歌うところです。

「京都議定書《きょうとぎていしょ》」では、先進工業国全体《せんしんこうぎょうこくぜんたい》では、二〇一二年までに、一九九〇年に出した温室効果《おんしつこうか》ガスの五・二%を減《へ》らすことにしました。先進工業国《せんしんこうぎょうこく》である日本の目標《もくひょう》値《ち》は、六%です。

（二）環境学習《かんきょうがくしゅう》の先生

　ＣＯＰ３の国際会議《こくさいかいぎ》が終《お》わってからも、京都の子どもたちは、環境学習《かんきょうがくしゅう》に取《と》り組んでいました。先生たちは、子どもたちが、環境学習《かんきょうがくしゅう》にもっと興味《きょうみ》が持《も》てるよう、地域《ちいき》の人に協力《きょうりょく》してもらうこともありました。

　その一人が、京都に住むカメラマンの岡部達平《おかべたっぺい》さんです。

　岡部さんは、「牛乳《ぎゅうにゅう》パックの再利用《さいりよう》を考える会」や「環境移動教室《かんきょういどうきょうしつ》」などで、子どもたちと、ゴミについて学んだり、自然《しぜん》について考えた経験《けいけん》があったので、まようことなく引き受けました。

　岡部さんが先生をすることになったのは、京都市立清水《きよみず》小学校です。清水《きよみず》小学校は、京都市の東側《ひがしがわ》、修学旅行《しゅうがくりょこう》で京都にきたら、かならずと言っていいほど見学する有名《ゆうめい》な清水寺《きよみずでら》のそばにあります。

この小学校の五、六年生と、半年間、環境学習《かんきょうがくしゅう》をするのです。

半年間だけ？　そうです。半年間だけの先生です。

でも、岡部さんは、とても期待《きたい》していました。いままでは、一回きりの授業《じゅぎょう》だったり、一日だけの先生でした。今度は、半年も、先生をやれるのです。子どもたちと、なかよくなれるでしょう。なかよくなれれば、おたがいの気持《きも》ちも伝《つた》わりやすくなるはずです。

その日、岡部さんは、自転車をとばして、清水《きよみず》小学校にむかいました。家から学校まで、自転車だと一時間近くかかりますが、岡部さんは自動車《じどうしゃ》に乗《の》りません。

講堂《こうどう》に集《あつ》まった五、六年生は、合わせて三十人です。初《はじ》めて会った子どもたちに、岡部さんは、質問《しつもん》してみました。

「きみたち、『地球温暖化《ちきゅうおんだんか》』って言葉《ことば》、聞いたことあるかな。」

ほとんどの子どもの手が、さあっとあがりました。

「どうして地球《ちきゅう》の気温《きおん》が、だんだん高くなっているんだろう。」

ポンポン答えが、とび出してきます。

「二酸化炭素《にさんかたんそ》が増《ふ》えているから。」

「自動車《じどうしゃ》の排気《はいき》ガスが、悪《わる》いんでしょ。」

「飛行機《ひこうき》かて、悪《わる》いで。」

「自動車《じどうしゃ》の数とくらべものにならへんで。」

「ぼく、自動車《じどうしゃ》、好《す》きやけどなあ。かっこええし、疲《つか》れへんし、早いし……。」

「そんなこと言うとると、そのうち、地球《ちきゅう》に住《す》めんようになるで。」

「自動車《じどうしゃ》がなかったら、不便《ふべん》やでえ。遠足かて、遠くには行けへん。」

「あんた、そうやって、いつまでも、ぶつぶつ言っとき。」

しっかり者《もの》の女の子ににらまれて、自動車好《じどうしゃず》きの子がためいきをつきました。

「ゴミを燃《も》やすと、二酸化炭素《にさんかたんそ》が出るで。」

「そうや。必要《ひつよう》ないモノをどんどん買って、どんどんゴミを作ったらあかんのや。」

岡部さんは、一つ一つの意見《いけん》に、うんうんとうなずきました。五、六年生が、かなりの知識《ちしき》を持っているのにおどろきました。

「みんな、よく知っているんだねえ。」

岡部さんが感心《かんしん》したら、子どもたちが、あきれたように岡部さんを見ました。「こんなこと常識《じょうしき》やんか」と、言いたげです。（こんなことも知らんで、この人、ほんまに先生やろか）と、うさんくさげです。

岡部さんは、（この子たちは、よく学んできたんやな。知識《ちしき》はいっぱい持《も》っている。けど、経験《けいけん》は少なそうや）と、思いました。

（それなら、環境学習《かんきょうがくしゅう》の時間は、体を使《つか》って学ぶ時間にしよう！）

岡部さんは、今までの経験《けいけん》から、子どもたちとなかよしになることが、初《はじ》めの一歩だと知っていました。それには、自分が、どんな人か知ってもらうのが近道です。

岡部さんは、自分の素顔《すがお》を見せることにしました。

「ぼくなあ。ゴミが気になって、いろいろやっていたら、環境《かんきょう》の先生になってしまいました。でも、本当のぼくの仕事《しごと》は、先生ではありません。さて、先生の顔をした、ぼくの正体は何でしょう。」

教室の空気がざわっとゆれて、みんなの目が、岡部さんに集《あつ》まってきました。じろじろ見る子もいますが、岡部さんが、次《つぎ》に何を言い出すか、待《ま》っている子もいます。

岡部さんは、ちょっと方向《ほうこう》を変《か》えて、答えてみようと思いました。

「大学生になって、ぼく、クラブに入ろうと思ったんやけど……。」

先を急《いそ》がすように、声がとびます。

「何クラブに入ったん。」

「写真《しゃしん》クラブや。」

「あっ、そうか。それで、先生、カメラマンになったんや。お母さんが、先生のこと、新聞で見たって言うとったわあ。」

環境学習《かんきょうがくしゅう》のとりくみが、家庭《かてい》にも知らされていたのでしょう。岡部さんのことが、話題《わだい》になったようです。

「わかった。先生の正体は、カメラマン。」

「かんたんすぎやわあ。」

どっと笑《わら》い声が起《お》こって、緊張《きんちょう》していた空気が、いっぺんになごやかになりました。

「それでは、カメラマンのぼくが、なぜ、環境学習《かんきょうがくしゅう》の先生になったのでしょう。」

みんなが考えこんだので、教室中が静《しず》かになりました。

気がついたようです。手をあげたその子は、大きな声で言いました。

（二）環境学習の先生

「ゴミが気になったからです。」

「そうです。ぼくが、環境問題《かんきょうもんだい》にとりくむようになったきっかけは、ゴミでした。では、ゴミがどうなって、ぼくが、環境学習《かんきょうがくしゅう》の先生に変身《へんしん》したのでしょう。」

みんなの頭の中に、ゴミの山が積《つ》み上がったようです。その山が、どうなったら、岡部先生が生まれるのでしょう。一つまた一つ、ひきしまった顔が、岡部さんに向《む》けられます。

「クラブの先輩《せんぱい》が、ぼくのこと、かわいがってくれて、ある日、ぼくを、大阪に連《つ》れていってくれました。遊《あそ》びやないで。

先輩《せんぱい》は、あまり大きくないビルの階段《かいだん》を上がって、扉《とびら》の中に入ったから、ぼくも続《つづ》いて入ったら、バシャ、バシャッ、バシャ、バシャ、すごい音が、耳に飛《と》びこんできました。びっくりしたわあ。そこは、プロの写真家《しゃしんか》の仕事場《しごとば》でした。

『はい、こっちに光。』

『亜子《あこ》、もう少し、リラックス。』

声がとんでね、モデルの若《わか》い女性が、ポーズを変《か》えてほほえむと、バシャッ、バシャッ、バシャバシャバシャバシャ、音がはじけるわけです。

家庭用《かていよう》のカメラは、シャッターを切ると、カシャッって音がするでしょう。プロのカメラは、大きくて重《おも》たいから、バシャッて音がするんです。そこでは、広告用《こうこくよう》のカタログ写真《しゃしん》やポスター用の写真《しゃしん》、カレンダーになる写真《しゃしん》なんかも、とっているんだって。」

みんなが集中《しゅうちゅう》しています。大人の仕事《しごと》、それも現場《げんば》の話は、あまり聞くことがないようです。

「先輩《せんぱい》が、ぼくを紹介《しょうかい》してくれたけど、先輩《せんぱい》が先生とよんだ人は、大きなカメラのファインダーをのぞいたまま、ぼくのことなんか、ちらっとも見てくれなかったんや。」

「失礼《しつれい》やな。」

「ほんまや。感《かん》じ悪《わる》い。」

いつの間にか、みんなは、岡部さんの味方《みかた》になっています。

「その人は、広告写真家《こうこくしゃしんか》として、有名《ゆうめい》な人やったんやで。」

「有名《ゆうめい》かて、無視《むし》したらあかんのとちがう。」

岡部さんは、にっこり笑《わら》って、憤慨《ふんがい》してくれたみんなを制《せい》して、

「ぼくな、先生がとった写真《しゃしん》を、あらためて見たんや。先生は、ぼくらがよう見るものばかり写《うつ》しとった。それなのに、初《はじ》めて見たような気がするんや。先生って、魔法《まほう》使《つか》いみたいやって、思ったわ。」

と、言ったら、女の子が、すかさず言葉《ことば》をはさみました。

「先生、プロ先生にあこがれたんやね。」

「プロ先生みたいに、なりたいと思ったんやろ。」

岡部さんがうなずくと、

「そうかあ。それで、今、カメラマンなんや。」

納得《なっとく》いったみんなの表情《ひょうじょう》は、はれやかです。

「ある日、先生が、ぼくに、『おまえでなければ見つけられない、美《うつく》しいモノを見つけろ』って、言わはったんや。先生が、ぼくに、声をかけてくれた。そう思ったら、ぼくは、うれしくて、はりきりました。わかるか、ぼくの気持《きも》ち？」

「好《す》きな人にみとめられたら、だれかてうれしいわ。」

岡部さんの気持《きも》ちは、みんなの気持《きも》ちになったようです。岡部さんは、応援団《おうえんだん》に囲《かこ》まれている気分で、先を続《つづ》けました。

「ぼくは、先生のやり方をまねしたよ。それから、きばつな写真《しゃしん》をとったり、反対《はんたい》にシンプルな写真《しゃしん》をとったりもしました。先生にみとめられたくて。

『これなら、ほめられるかも……。』

ドキドキしながら、見てもらった写真《しゃしん》を、先生は、あっさりあかんと言うんです。

(ぼくのカメラ、安《やす》もんやから、いい写真《しゃしん》がとれへんのや。よし、先生の使《つか》っているような、性能《せいのう》のいいカメラを買うぞ。)

ぼくねえ、アルバイトをがんばりました。大学生なのに大学に行くより、スタジオに行くほうが多くなったで。スタジオには、下働《したばたら》きをする人が必要《ひつよう》なんです。貯金通《ちょきんつう》帳《ちょう》に、毎月、お金が貯《た》まっていくのが、うれしくてねえ。

三年もがんばって、ぼくは、ほしかったカメラをとうとう手に入れました。いろいろなレンズがついて、レンズをとりかえれば、遠くのモノがアップでとれる。広い景《け》色《しき》も切れずにとれる。どんな写真《しゃしん》でもとることができるカメラやで。」

一番前で、熱心《ねっしん》に聞いていた男の子が、うれしそうな声をあげました。

「やったなあ、先生。うれしかったやろ。」

「そりゃあ、うれしかったなあ。」

「下働《したばたら》きって、写真《しゃしん》なんか、とらないんやろ。重《おも》たいもの、運《はこ》ぶとか。散《ち》らかっているところを、整理《せいり》するとか。先生のあせ、ふくとか。みんなが、いやがることを、やるんやろ。」

「便所掃除《べんじょそうじ》とか。」

笑《わら》い声があがりました。でも、だれも、それ以上《いじょう》ふざけようとしません。

「先生、そのカメラで、いい写真《しゃしん》がとれたんですか。」

岡部さんは、いっしゅんだまりました。

「カメラは、すっと手になじんで、シャッターをおすと、心地よい音がしたで。いい写真《しゃしん》がとれているって、感《かん》じたわ。そやし、自信作《じしんさく》ができたとき……」

そのときを思い出して、岡部さんは目をとじました。

「ワクワクしてしもたわ。ぼくなあ、ドキドキしながら、先生に見せたで。」

岡部さんが胸《むね》をなでたら、みんなが、大きくうなずきました。岡部さんの気持《きも》ちが、伝《つた》わっているようです。

「先生はね、ひとこと言いました。『あかん』って。」

岡部さんは、頭をかかえこみました。みんなの表情《ひょうじょう》が、くもります。

「どこが悪《わる》いんやろ。ぼく、考えたで。でも、わからないんや。ぼく、なやんでしもた。」

うかない顔が、岡部さんを見守《みまも》ります。

「ぼくは、自分に言い聞かせた。『考えていたって、写真《しゃしん》はとれない。』そして、今まで以上《いじょう》に、たくさんシャッターを切ったんや。」

気がつくと、あと十分で、チャイムが鳴る時間です。みんなを見ると、だれも疲《つか》れた顔をしていません。話の先をまっています。

岡部さんは、深呼吸《しんこきゅう》して、それから、ていねいに話しました。

「そんなある日、ぼくは、いつものようにとりためたフィルムから、良《よ》い写真《しゃしん》になりそうなものを選《えら》んでいたんや。そして、なにげなくゴミ箱《ばこ》を見た。ほんとに、なにげなくやったわ。

捨《す》てられたフィルムがあふれとった。ゴミ箱《ばこ》が見えないくらいや。フィルムは、波《なみ》になってうねって、からみあって流《なが》れて、ゆかに広がっていたんや。ポイポイと捨《す》てたフィルムの空き箱《ばこ》が、あたりにぎょうさん散《ち》らばっていたわ。

ぼくの大学生のころは、デジタルカメラではなく、フィルムを入れてとるカメラやったんやで。

このフィルムたちは、みんな捨《す》てられるんや。これも、これも、これも、これも……、みんなゴミになる。

ぼくは、はっとした。カメラマンという仕事《しごと》は、こんなにぎょうさんゴミを出さんと、なれへんものやろか、って思ったわあ。」

「でも、先生、カメラマンをやめてないなあ。」

「ゴミをぎょうさん出すって、気ぃついたんやろ。そやったら、やめるはずやけどなあ。」

岡部さんの前に集《あつ》まる五、六年生の知識《ちしき》から言えば、ゴミを出すのは、環境《かんきょう》にとって良《よ》くないことなのです。だから、岡部さんの言っていることが、うまく飲《の》みこめません。

「このしゅんかんから、ぼく、ゴミのことも考える人になりました。」

そこまで話したとき、チャイムが鳴りました。

熱心《ねっしん》に聞いていた子が、早口に聞きました。あせっているようです。

「それで、先生になったの？」

「とんとんとんと、先生になったわけではありません。」

「何があったん？」

「それは、この次《つぎ》にしよう。では、宿題《しゅくだい》。」

「環境学習《かんきょうがくしゅう》でも、宿題《しゅくだい》ありかあ。」

岡部さんは、まじめな顔で言いました。

「ありです。宿題《しゅくだい》は、次《つぎ》の授業《じゅぎょう》までに、環境《かんきょう》のことを考えて、何かしてくること。」

みんなは、どやどや教室を、出ていきました。

岡部さんが、部屋《へや》をととのえていると、

「先生、この次《つぎ》、休まんときや。」

わざわざもどってきて、念《ねん》をおす子がいました。手をふって帰る子を見送《みおく》って、

（期待《きたい》してくれてる……。）

岡部さんにやる気が、わいてきました。

（三）ゴミから生まれたカメラ

岡部《おかべ》さんは、次《つぎ》の授業《じゅぎょう》の日も、自転車をとばして、学校に向《む》かいました。いつもかつぐリュックサックに、きょう、子どもたちに見せる宝物《たからもの》が入っています。

岡部さんが、学習室《がくしゅうしつ》に入っていくと、

「先生、宿題《しゅくだい》やってきたで。」

はずんだ声が、むかえてくれました。

「とうさんが、自動車《じどうしゃ》、買い換《か》えそうやから、プリウスにしいやって、言うてやったわ。」

「わたしは、水道の水が、ぽたぽたもらんように、きちんとしめた。」

「スーパー行ったとき、『よけいなもん、買わんとき』って、お母さんに、注意《ちゅうい》しました。お母さん、冷蔵庫《れいぞうこ》を、いっぱいにしておくのが好《す》きなんや。」

「先生は、何したん？」

みんなの目が、一点に集中《しゅうちゅう》しました。岡部さんは、おもむろに答えました。

「ぼく、自転車に乗《の》りました。」

いっしゅん、みんなが、ぽかんとしました。が、一秒《びょう》もおかないで、あちこちから声があがりました。

「ぼくかて、自転車乗《の》ってるで。」

「そや。ぼくら、自転車しかのれへんもん。」

おたがいに顔を見て、うんうんとうなずきあっています。

「それって、すごいエコやで。なんでいうたら、ガソリン、燃《も》やさへんもん。人力《じんりき》は、クリーンエネルギーや。ぼくら、二酸化炭素《にさんかたんそ》を出してません。」

岡部さんは、指《ゆび》を二本立てて、みんなのほうにピースサインを送《おく》りました。

「先生、自動車《じどうしゃ》、乗《の》らへんの。」

「ぼくな、京都市内なら、自転車。一時間半くらいの範囲《はんい》は、へっちゃらで自転車をこぐで。それより遠くへ行くときは、電車とかバス。きょうは、五十分、自転車をこいできました。」

「ダイエットやん。」

「けど、ちっともやせてへん。」

岡部さんは、聞こえないふりをして、エコの発表《はっぴょう》を続《つづ》けます。

「もう一つ、ぼくが前からやっているエコ。これは、ずっと続《つづ》けています。」

岡部さんは、水筒《すいとう》をみんなに見せました。

「どこかへでかけるとき、ぼくは、まず水筒《すいとう》に水を入れます。出先でペットボトルの飲《の》みものを、買わないためです。」

「ぼく、自動販売機《じどうはんばいき》で、冷《つめ》たい飲《の》み物《もの》、買うの好《す》きや。ぼくの大好《だいす》きな飲《の》み物《もの》、何か知っとるか。」

岡部さんは、無視《むし》するわけではないよ、とその子に目で合図してから、

「自動販売機《じどうはんばいき》は、どこにでもあるといっていいほど、いろいろなところにあるし、重《おも》い水筒《すいとう》を持《も》っていかんでも、冷《つめ》たい水でも熱《あつ》いお茶でも、すぐ飲《の》めるし便利《べんり》に思うよな。けど、ぼくは、水筒《すいとう》を持《も》ち歩いとるんや。このことは、あとで、みんなで考えてみよう。」

と提案《ていあん》して、水筒《すいとう》の水を一口飲《の》みました。

そのとき、ちょっといらついた声で、さいそくがかかりました。

「先生、なんでカメラマンになったんか、早よ話してや。ぼくら、知りたいし。」

「そやったな。」

岡部さんは、リュクサックをたしかめてから、前回の授業《じゅぎょう》の続《つづ》きを話し始《はじ》めました。

「あのとき、ぼくな、しばらくゴミの山を見ていました。そしたら、おもしろいことを思いついたんです。

（捨《す》てられたもので、カメラが作れるかもしれへん）

ぼくは、カメラマンやから、カメラのしくみを知っていたんです。少し調《しら》べてみると、ピンホールカメラがあったわけ。

あのカメラは、一枚《いちまい》の写真《しゃしん》のために、ゆっくり時間をかける。先生は、『おまえでなければ見つけられない、美《うつく》しいモノを見つけろ』って、言わはった。このゴミを生かして、カメラを作ろう。時間のかかるこのカメラなら、バシャバシャとるカメラとはちがう写真《しゃしん》がとれるかもしれない。そう思いました。」

ピンホールカメラというのは、日本語で言えば、針穴写真機《はりあなしゃしんき》です。針《はり》の先ほどの小さな穴《あな》から入る太陽の光で、写真《しゃしん》をとります。

一枚《いちまい》の写真《しゃしん》をとるのに、フィルムは一枚《いちまい》です。

岡部さんは、本体は、捨《す》てられた材木《ざいもく》で組み立てて、レンズにあたる穴《あな》は、ジュースの缶《かん》を使《つか》って、シャッターの調節《ちょうせつ》はフィルムの空き箱《ばこ》を工夫《くふう》して、ピンホールカメラを作ったことを話しました。

「どんなカメラやろ。」

「先生、持《も》ってきてへんの？」

岡部さんは、にっこり笑《わら》って、

「そう言うと思ってな……」

リュックサックを、引き寄《よ》せました。そして、みんなの前に、カメラを持《も》ち出しました。

みんなの体が、前にのめって行きます。全員《ぜんいん》が、後ろからおされたみたいになって、岡部さんの手元を見ます。

岡部さんは、みんなが見やすいように、せいいっぱい手をのばして、カメラを見せました。四枚切り《よんまい》食パンを、横《よこ》に二枚《にまい》ならべたくらいの大きさです。

「きれいやんか。」

「もっとボロッチイと思ったわぁ。」

環境学習《かんきょうがくしゅう》に取《と》り組むクラスのみんなは、ゴミで作ったものだから、つぎはぎだらけのカメラを想像《そうぞう》していました。でも、岡部さんのピンホールカメラは、素材《そざい》がわか

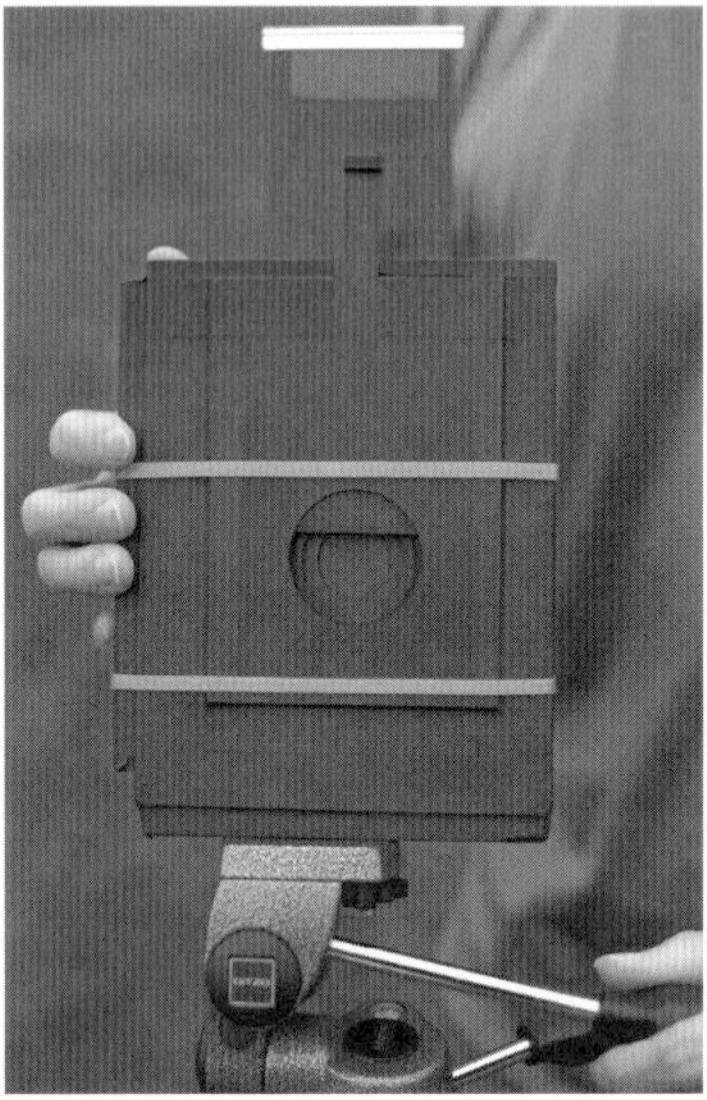

岡部さんのピンホールカメラ

らないくらい、見ばえのいいカメラになっています。気合いを入れて、作り上げた世《せ》界《かい》で一つのカメラです。仕上《しあ》げだって、手をぬきませんでした。

「すごいカメラできたなあ。」

「それで、先生らしい写真《しゃしん》、とれたん？」

「先生にほめられた？」

みんなの目が、岡部さんを見つめます。

「ぼくは、がんばったで。何を写《うつ》したらいいかも、よく考えた。ピンホールカメラは、一秒とか五秒とか、長いときは十秒以上《いじょう》、じっと動かないモノでなければ、うまくとれん。それで、苦労《くろう》しました。

でも、とうとう自信《じしん》の持《も》てる写真《しゃしん》がとれました。のんびりした感《かん》じが、写真全体《しゃしんぜんたい》から感《かん》じとれます。いい味《あじ》です。

ぼくは、うれしくて、急《いそ》いで先生のところに持《も》っていきました。

『先生、どうでしょう。』

先生は仕事《しごと》の手をとめて、ぼくの写真《しゃしん》を見ました。ぴくっとまゆ毛が動《うご》きました。

『これを……、きみがとったのかね。』

『はい、そうです。これが、ぼくが美《うつく》しいと思う写真《しゃしん》です。』

先生は、ピントがぴしゃっと合っていない写真《しゃしん》が、気になったようです。

『きみ、どんなカメラでとっているのかね。』

ぼくは、じまんのカメラを見せた。このカメラやで。」

岡部さんは、手にしているカメラを、みんなのほうに高く掲《かか》げました。

みんなは、先を聞きたがって、こそっとも動《うご》きません。

「先生は、きびしい顔で言うたんや。

『きみがプロになるのは、ムリや。プロは、お客《きゃく》さんの注文《ちゅうもん》どおり、写真《しゃしん》をとらなければならない。カメラがモノを写《うつ》すのをじっと待《ま》っているなんて、プロの仕事《しごと》やない。

きみが、写真《しゃしん》をするのは自由。けど、趣味《しゅみ》でやりなさい。さ、帰った、帰った。ここは忙《いそが》しいんや。』

そう言うと、くるっと背《せ》を向《む》けて、また、写真《しゃしん》をとりはじめた先生は、ぼくが何を言うても、もう、答えてくれませんでした。

ぼくなあ、スタジオのドアを閉《し》めたとき、ぐわっと涙《なみだ》があふれて、泣《な》いてしもた。」

だれも笑《わら》いません。

「ぼくなあ、自信《じしん》がなくなってね。何をしていいのかも、わからんようになって……なあ。それでも、カメラは手放《てばな》せなくて、写真《しゃしん》はとっていました。けど、だれにも見せなくなったんや。」

「先生、かわいそう……。」

「がんばったのになあ……。」

女の子たちが、ささやく声がします。

「ほんでも、先生、今、カメラマンなんやろ。なんや、話が合わへんなあ。」

首をかしげる子がいます。六年生でした。岡部さんは、「よく見やぶっているね」

と言いたくて、その子の目を見て、二回もうなずきました。

「ぼくの挫折物語《ざせつものがたり》は、ひとまずここまでにします。」

岡部さんは、おでこのあせをふきました。みんなも、一呼吸《ひとこきゅう》入れます。

「ねえ、みんな。ゴミは、環境《かんきょう》を守《まも》るためには、ワルモンと思っているよね。でも、その正体を、見ているんやろか。どんなワルモンなんやろか。ほんまにワルモンなんやろか。」

岡部さんが言ったら、

「わたしら、なんとなくわかったつもりでいない？　ちゃんと調《しら》べてみいひん？」

「そら、ええわ。わたしら、高学年なんよ。子どもとちがうんやから。」

見るからにエネルギッシュな女の子たちが、やる気を出しました。

「どんなゴミのこと、調《しら》べる？」

「リサイクルできるゴミが、ええんとちがう。」

「わたしらが、ちょいちょい出すゴミも、調《しら》べたい。」

「ゴミのゆくえを、調《しら》べたらどうや。」

「そらええわ。手分けして、調《しら》べてみようや。」

使《つか》い終《お》わったあと、どうなっているか調《しら》べて、発表《はっぴょう》することにしました。ペットボトル、食品《しょくひん》トレー、空きカン、牛乳パック、電池が選《えら》ばれました。

（四）ゴミのゆくえ

ペットボトルグループは、さっそく相談《そうだん》を始《はじ》めています。

「ゴミ収拾所《しゅうしゅうじょ》で、見張《みは》り番してたら、ゴミがどうなるか、わかるんとちがう。」

「収集車《しゅうしゅうしゃ》が、集《あつ》めにきて、持《も》っていくんやろ。」

「どこへ？」

「わからんなあ。追跡《ついせき》したらどうや。収集車《しゅうしゅうしゃ》を、追《お》っかけていけば、わかるやろ。」

「おもしろそうやけど、たいへんやで。ぼくら、自転車しかのれへん。」

「ゴミ収集車《しゅうしゅうしゃ》は、スピード出さへんし、ちょこちょこ止まるから、自転車でもついていけるけどな。ほんでも、長い時間、走りよるやろな。」

行動派《こうどうは》の二人のやりとりを、ちょっと離《はな》れて聞いていた女の子が、

「インターネットで、調《しら》べられるんとちがう。」

「そやそや、それが一番かんたんや。」

と、相談《そうだん》をまとめて、パソコンの部屋《へや》に流《なが》れこんでいきました。

食品《しょくひん》トレーグループと空きカングループの子は、図書館へ行くことにしたようです。


「学校で乾電池《かんでんち》を使《つか》うところいうたら、職員室《しょくいんしつ》くらいしかあらへんな。」

乾電池《かんでんち》グループの子は、職員室《しょくいんしつ》に向《む》かいました。

「おじゃまします。職員室《しょくいんしつ》の乾電池《かんでんち》を調《しら》べさせてください。」

教頭先生が、立ちあがってやってきて、

「何を調《しら》べたいんかな。」

と、聞きました。

「乾電池《かんでんち》が、使《つか》われているもの、何がありますか。」

職員室《しょくいんしつ》にいた先生たちも、きょろきょろとあたりを見回しています。

「あった。テレビのリモコン。」

「それから、夜、みんなが帰ったあと、校内を見回るとき、大きな懐中電灯《かいちゅうでんとう》を使《つか》うな。」

教頭先生が、大きな懐中電灯《かいちゅうでんとう》を出してきました。

「その懐中電灯《かいちゅうでんとう》、大きい電池を四個《こ》入れへん？」

「そうやったかな？」

懐中電灯《かいちゅうでんとう》を開《あ》けてみると、ちくわくらいの太さの電池《でんち》が、四本入っていました。

テレビのリモコンからは、鉛筆《えんぴつ》くらいの太さの電池《でんち》が、二本出てきました。

先生たちもまきこんで、乾電池《かんでんち》グループは調《しら》べていきます。

「おっと、こんな電池《でんち》もあった。」

体育《たいいく》の先生が、カメラの中から、電池《でんち》をとりだしてくれました。

「これは、アルカリ電池《でんち》とちがうで。リチウムイオンや。」

「それって、なんですか。」

「電池《でんち》の材料《ざいりょう》がちがうんでしょ。」

「ボタン電池《でんち》は？」

「あれって、形のちがい？」

「電池《でんち》って、どこに捨《す》てるの？」

さっきまで、しゃべらなかった女の子が、とつぜん口を開《ひら》きました。

「電池《でんち》は、捨《す》てたらいけないんでしょ。体に良《よ》くないモノが、流《なが》れ出すんでしょ。」

「そうなの？　そやし回収《かいしゅう》してたの？　リサイクルのためとちがうの？」

一年生担任《たんにん》の先生が、乾電池《かんでんち》グループのみんなを、まぶしそうに見て言いました。

「さすが、高学年やねえ。いろいろ気がつくこと。調《しら》べられたら、わたしにも、教えてほしいわ。わたし、わかっていそうで、わかっていないもの。」

先生にたのまれるなんて、やる気がわきあがってきます。

「わかりました。ちゃんと調《しら》べて、ちゃんと教えてあげます。」

いつもは、おとなしい五年生の男の子が言ったら、

「よろしくお願《ねが》いします。」

と、先生たちが、声を合わせて言いました。教頭先生までが、しっかりおじぎしたので、みんなは、どっと笑《わら》いました。

それぞれのグループは、ゴミのゆくえを調《しら》べました。

発表《はっぴょう》の日、一番はりきっていたのは、乾電池《かんでんち》グループでした。

講堂《こうどう》に、全校生徒《ぜんこうせいと》が集《あつ》まっています。教頭先生も、先生方も発表《はっぴょう》を聞きにきました。

乾電池《かんでんち》グループのみんなは、使用《しよう》ずみの乾電池《かんでんち》を持《も》って、前に出ました。

かべに、大きな表《ひょう》をはりだして、

「この図を見てください。リサイクルの流《なが》れを書いた図です。」

リーダーが、説明《せつめい》を始《はじ》めました。

「この図に、ぼくらがよく見かける乾電池《かんでんち》は、書いてありません。リモコンなどに入っている乾電池《かんでんち》です。職員室《しょくいんしつ》で調《しら》べたとき、一番たくさん見つかりました。太いのから細いのへ、単《たん》1、単《たん》2、単《たん》3、単《たん》4とよばれていますが、これら全部《ぜんぶ》、リサイクルできません。」

グループのみんなが、うすい箱《はこ》の中に入れた、乾電池《かんでんち》を見せて回ります。乾電池《かんでんち》が動《うご》いて、ごろごろ音を立てます。

「ぼくらが、リサイクルをがんばれるのは、リチウムイオン電池《でんち》です。カメラやケイタイに入っている電池《でんち》です。」

グループのみんなは、前にもどりました。

「どこに集《あつ》めたらいいと思いますか。」

答えが出てきません。

「ぼくらも、わかりませんでした。」

「わたしたちは、スーパーに行ってみました。」

「トレーなどのリサイクルを、スーパーがやっているのを、知っていたからです。」

「でも、スーパーでは、電池《でんち》のリサイクルをしていませんでした。」

「乾電池《かんでんち》グループは、考えました。どうしたでしょう。」

聞いている人たちは、ちょっとの時間、静《しず》かになりました。考えているのです。

「わかった。」

みんなが、いっせいに声の主《ぬし》を見ました。声の主《ぬし》は、勝利《しょうり》のラッパみたいに、はれやかに言いました。

「買ったところに行く。つまり、電気屋《でんきや》さんに行く。これが正解《せいかい》。どう？　あたりでしょ。」

「当たりです。」

拍手《はくしゅ》が起《お》こりました。

「でも、ただ持《も》っていくのでは、だめです。」

「何をしなければならないでしょう。」

みんなのほうに差《さ》し出された手には、セロハンテープがありました。

「プラスとマイナスに、セロハンテープをはってから、電気屋《でんきや》さんに回収《かいしゅう》してもらいましょう。絶縁《ぜつえん》しないと、発火したり砕《くだ》けたりすることがあるそうです。

これで、乾電池《かんでんち》グループの発表《はっぴょう》を終《お》わります。」

「知らなかった……。」

ささやくような声で言ったのは、「教えてね」と言った先生でした。

トレーのグループは、トレーを顔にした人形を作って、劇《げき》をしました。

「あなた、トマトのトレーになったの。」

「わたし、サクランボのトレーよ。さようなら。」

「回収《かいしゅう》ボックスで、また会いましょうね。元気でねえ。」

空きカングループも、ペットボトルグループも、拍手《はくしゅ》をいっぱいもらいました。発《はっ》表《ぴょう》を終《お》えた、みんなの感想《かんそう》は、決《き》まり文句《もんく》のように、

「リサイクルは、大切です。」

「ゴミは、資源《しげん》やいうことがわかりました。」

で、結《むす》ばれました。

環境学習《かんきょうがくしゅう》クラスでは、リサイクルすることは、もう常識《じょうしき》になったようです。

それから何日かして、岡部さんは、乾電池《かんでんち》グループの女の子によび止められました。

「先生。京都市も、リサイクルがんばっとるで。知っとった？」

何を言い出したのかわからなくて、岡部さんがとまどっていると、

「市バスはねえ、リサイクルの油《あぶら》で走っているんやで。わたしが、リサイクルのこと調《しら》べてたら、お母さんが教えてくれたんよ。」

「きみのお母さん、天ぷら油《あぶら》の回収《かいしゅう》に、とりくんでいらっしゃるんや。」

「うん。うちとこのお母さん、菜種《なたね》の油《あぶら》で天ぷらするんやけど、あげものしたあとの油《あぶら》を集《あつ》めて、ディーゼルエンジンに使《つか》う油《あぶら》にするんやて。市バスはディーゼルエンジンやし、資源《しげん》の節約《せつやく》になるやろ。それに、菜《な》の花は二酸化炭素《にさんかたんそ》を吸《す》って大きく育《そだ》つ。その菜《な》の花から、天ぷら油《あぶら》を作るんやから、地球温暖化《ちきゅうおんだんか》にストップをかけられるんやって。」

「そのこと、みんなに話してや。」

「ええよ。みんなに、『市バスにのろう』って、言うたげる。まず、自動車《じどうしゃ》に乗《の》らんで、市バスに乗《の》る人が増《ふ》えれば、二酸化炭素《にさんかたんそ》は減《へ》らせるやろ。そのうえ、市バスは、

リサイクルの油《あぶら》で走っとるんや。これって、二酸化炭素《にさんかたんそ》を減《へ》らすのに、すごい力になると思うわ。」

女の子は、リサイクルを実感《じっかん》したようです。

岡部さんは、チャンスを見つけて、京都市のバイオマス燃料《ねんりょう》のとりくみを、環境《かんきょう》学習《がくしゅう》をしているみんなに、説明《せつめい》しようと思っていました。

京都市のすべてのゴミ収拾車《しゅうしゅうしゃ》と一部《ぶ》の市バスは、家庭《かてい》やレストランや食堂《しょくどう》から出される廃油《はいゆ》で、走っているのです。市は、廃油《はいゆ》をよみがえらせる施設《しせつ》も持《も》っています。

岡部さんは、油《あぶら》の循環《じゅんかん》を思いえがきました。天ぷらをあげているきれいな油《あぶら》、あげものをしてよごれた油《あぶら》、回収所《かいしゅうじょ》に集《あつ》められる廃油《はいゆ》、よみがえらせる施設《しせつ》、資源《しげん》になった油《あぶら》、資源《しげん》で走るゴミ収拾車《しゅうしゅうしゃ》、はき出される二酸化炭素《にさんかたんそ》、二酸化炭素《にさんかたんそ》を吸《す》って育《そだ》つ菜《な》の花、菜《な》の花から作った新しい天ぷら油《あぶら》と、変化《へんか》しながらつながっていく「油《あぶら》のサークル」を、頭の中にえがきました。

サークルがえがける資源利用《しげんりよう》を、ぜひ子どもたちに伝《つた》えたいと、岡部さんは、意気《いき》ごみました。

（五）不思議《ふしぎ》な出会い

授業《じゅぎょう》がすすむうち、宿題《しゅくだい》に変化《へんか》が出てきました。

「そうじのときは、電気つけんでもいいのとちがう。消《け》すでえ。」

「ええーっ、くらいわあ。」

「そんでも、わたしら、二酸化炭素《にさんかたんそ》ふやさへん工夫《くふう》できてるのとちがう。」

「そやそや。目がなれたら、よう見えるやん。」

いらない電気は、手まめに消《け》すようになりました。

「今週、わたしの『実行《じっこう》したエコ』は、食品《しょくひん》トレーを、よくあらってスーパーに持《も》っていきました。食品《しょくひん》トレーは、建材《けんざい》に再利用《さいりよう》できると、教えてもらったことがあります。」

「おまえのやったことは、ええことや。けど、その食品《しょくひん》トレーは、工場で、石油《せきゆ》から作ってるんとちがうの。トレー作るとき、二酸化炭素《にさんかたんそ》を出さへんのかな。」

「わたし、ドイツにおっちゃんがいてるんや。去年《きょねん》の夏休み、家族《かぞく》で、遊《あそ》びに行ったの。それでな、スーパーへ買い物《もの》に行ったんや。おっちゃん、リュックサックしょっていかはるの。

『このぶどう、房《ふさ》の半分くらい、ほしいです』と言うと、お店の人が、房《ふさ》を半分にして、はかりにのせはったわ。それで、いくら言うて、お金をうけとらはるの。じゃがいもやたまねぎは、一個《こ》でも十個《こ》でも、自分のほしい量《りょう》だけ買うんやわあ。新聞紙で包《つつ》んでくれるときもあるけど、そのままわたさはるときもあったで。おっちゃんも、工夫《くふう》してて、ゴミがあまり出んかったわ。トレーなんて、なかったと思うで。」

「日本かて、昔《むかし》の人は、トレーに入ってないモノ、買うてたんやろ。日本のほうが、すすんでるんとちがう。」

「ほんでも、ドイツのほうが、ゴミをぎょうさん出さへんで。」

子どもたちの、話題《わだい》が広がりはじめました。身《み》の回りのことだけでなく、関心《かんしん》は世《せ》界《かい》にもおよんでいます。温暖化《おんだんか》の問題《もんだい》が、自分たちが何気なくやっていることと、無《む》関係《かんけい》ではないと気がついたのです。

岡部さんは、子どもたちに何度かたずねられた「なぞ」を、そろそろ解《と》き明かそうと思いました。岡部さんは、上着《うわぎ》をひっぱって言いました。

「ぼくのじまんのエコです。」

「ええーっ、何のこと？　洋服《ようふく》のこと？」

岡部さんは、みんなに近づいて、こくんとうなづいて言いました。

「そう、この服《ふく》のことやで。この服《ふく》は、不死身《ふじみ》なんです。」

「服《ふく》って、生きとるんか。」

みんながちょっと混乱《こんらん》していますｌ。女の子たちが、リードして考えていきます。

「服《ふく》って、着《き》なくなったら捨《す》てるやんか。ゴミになって、それから……。」

みんなは調《しら》べ学習《がくしゅう》をしたときのことを、おおいそぎで思い出しました。

「小さくなっただけの服《ふく》とか、あきたから着《き》ない服《ふく》とかは、着《き》たい人が見つかれば、また活躍《かつやく》するわな。」

「よごれたり破《やぶ》れたり、もう着《き》られないのもあるで。」

「それはゴミ。それが、服《ふく》、死亡《しぼう》ってことか。」

「燃《も》やして灰《はい》や。いっかんの終《お》わりや。」

お調子者《ちょうしもの》たちがふざけたら、まじめに考えていた子たちが、にらみつけました。

「と、言うことは、その服《ふく》、ずっと着《き》ているってこと。」

「きったねえなあ。」

顔をしかめて、身体《からだ》をずらす子がいます。岡部さんは、姿勢《しせい》を正して言いました。

「何度でも、生き返《かえ》るってことや。」

「ゴミになっても、生き返《かえ》るんか。灰《はい》になっても、また服《ふく》になるんかいな。」

「花咲《はなさ》かじいさんみたいやな。先生、服咲《ふくさ》かおっちゃんかあ。」

岡部さんは、あらたまった口調《くちょう》で、話し出しました。岡部さんの人生の節目《ふしめ》にあった、とっておきの話をしようとしているのです。

「この服《ふく》は、自然《しぜん》を大切にしている、アメリカの会社が作りました。ポリエステルという素材《そざい》でできています。この素材《そざい》は、再生《さいせい》できるのです。

あの日、ぼくは、手元にあった雑誌《ざっし》を、ぱらぱらめくっていました。半分ほどページをめくったとき、ぼくは手をとめました。あとで考えると、不思議《ふしぎ》な力が、ぼくの手をとめさせたように思えるんやけど……。

そこには、リヤカーをひいて砂漠《さばく》を歩いていく、男の人がうつっていました。

記事《きじ》を読むと、そこはチベットの原野《げんや》でした。リック・リッジウェイさんという人が、チベットカモシカの調査《ちょうさ》から帰るところだと、書いてありました。

チベットカモシカは、ひじょうに寒《さむ》い気候《きこう》のところに生きています。それで、牧畜《ぼくちく》民《みん》も、チベットカモシカの住むエリアへ、近づきませんでした。チベットカモシカは、危険《きけん》の少ない暮《く》らしをしていたのです。

ところが、一九九〇年代《だい》になって、チベットカモシカの毛が、軽《かる》くて、やわらかく、保温性《ほおんせい》があることがわかりました。それで、高級品《こうきゅうひん》として、高いねだんで取り引きされるようになったのです。今や、チベットカモシカは、絶滅《ぜつめつ》のせとぎわにいるのです。

リック・リッジウェイさんは、学者《がくしゃ》でも役所《やくしょ》の人でもありません。ボランティアで、絶滅《ぜつめつ》しそうな動物《どうぶつ》が、繁殖《はんしょく》するのに適《てき》している場所《ばしょ》を探《さが》しているのです。

彼《かれ》は、パタゴニアという会社の副《ふく》社長です。パタゴニアは、山などで着《き》る衣料品《いりょうひん》を売っています。この会社が、アメリカで初《はじ》めて、製品《せいひん》カタログに再生紙《さいせいし》を使《つか》いました。ペットボトルをリサイクルして、初《はじ》めてフリースを作ったのも、この会社でした。

パタゴニアが環境問題《かんきょうもんだい》に熱心《ねっしん》にとりくむようになったのには、こんなきっかけがありました。

パタゴニアの創業者《そうぎょうしゃ》は、クライミングやサーフィンをするアウトドアマンです。あるとき、びっくりするほど荒《あ》れた自然《しぜん》を見ました。

『ぼくたちが作っている製品《せいひん》も、自然《しぜん》をこわしているよ。たとえば、ロッククライミングするときに使《つか》うピトンだけど……』

ピトンというのは、岩壁《いわかべ》にうちこむくさびのことです。クライミングでは、一つまちがえば谷底《たにぞこ》に落《お》ちてしまうような、きゅうな斜面《しゃめん》も登《のぼ》ります。

そんなときは、岩にピトンをうちこむのです。ピトンはくさび形ですので、めったなことではぬけません。クライマーは、これにザイルというロープを引っかけ、命《いのち》を守《まも》るのです。

『どんな自然《しぜん》だって、人間が関《かか》われればこわれるけれど、それをできるかぎり食い止めたいものだ。ピトンを使《つか》わない「クリーンクライミング」を、よびかけることはできないだろうか。』

そのころ、経済活動《けいざいかつどう》が活発《かっぱつ》に行われている国々では、使《つか》えるモノを捨《す》てさせてまで、消費《しょうひ》をあおっていました。どんどん作って、どんどん売るためです。

その結果《けっか》、湖《みずうみ》や森が消滅《しょうめつ》して、地球《ちきゅう》のあちこちで、砂漠《さばく》が広がりはじめました。温室効果《おんしつこうか》ガスがたまって、地球《ちきゅう》をおおい、気温《きおん》に変化《へんか》が起《お》きています。

もしこのままのペースで、資源《しげん》をどんどん使《つか》って、モノを作り続《つづ》けていたら、今のような生活は、五十年と続《つづ》かないでしょう。

『リサイクルを勉強《べんきょう》しよう。使《つか》い捨《す》てでなく、資源《しげん》が生き返《かえ》って、ぐるぐるまわる循《じゅん》環型《かんがた》の社会のしくみは作れないか、みんなで考えていこう。』

パタゴニアは、決意《けつい》します。

左がリックさん、右がパタゴニア創業者のイヴォンさん。　©Patagonia, Inc.

★最高《さいこう》の製品《せいひん》を作り、環境《かんきょう》にあたえる不《ふ》必要《ひつよう》な悪影響《あくえいきょう》を最小限《さいしょうげん》におさえること。
★仕事《しごと》を通して、環境《かんきょう》が危《あや》ぶまれていることを、多くの人に知らせること。
★会社が、環境《かんきょう》の問題《もんだい》を自分のこととして、解決《かいけつ》にむけて実行《じっこう》していくこと。

リック・リッジウェイさんが、ボランティアで、絶滅《ぜつめつ》しそうな動物《どうぶつ》たちの調査《ちょうさ》をしていたのも、会社のみんなで決《き》めたことを、実行《じっこう》していたのです。

パタゴニアは、同じような志《こころざし》を持《も》つ企《き》業《ぎょう》と力を合わせて、『一%フォー・ザ・プラネット』という活動《かつどう》をしています。毎年売り上げの一％以上《いじょう》を、自然環境《しぜんかんきょう》の保護《ほご》や回復《かいふく》のために活動《かつどう》している人々に、寄付《きふ》する活動《かつどう》です。

『地球税《ちきゅうぜい》さ。』

パタゴニアの人たちは、あっさり言います。つまり、地球《ちきゅう》に生きている人間として、当然《とうぜん》出すべきお金だと言うのです。」

岡部さんは、そこで、いったん話を切りました。話がむずかしくなったな、と思ったからです。岡部さんが、みんなを見たら、みんなの集中力《しゅうちゅうりょく》は切れていませんでした。

「みんなは、お金が好《す》き？」

岡部さんの質問《しつもん》が、とうとつだったので、みんなはきょとんとしました。

「パタゴニアの人たちは、もうけたお金を、全部《ぜんぶ》自分たちのものにしてしまいません。自然環境《しぜんかんきょう》を守《まも》る人たちの活動資金《かつどうしきん》に、積極的《せっきょくてき》に支出《ししゅつ》しているんです。」

「えらいなあ。」

「ちょっと損《そん》かな……？　お金って、なかなか貯《た》まらへんで。」

「チベットカモシカ、絶滅《ぜつめつ》しそうなんやろ。そやし、今、損《そん》してでもやらなあかんと思ってくれたんや。」

「世界《せかい》には、こんな人がおるんやな。」

だれかがつぶやいた言葉《ことば》が、みんなの耳に届《とど》きました。

岡部さんは、いきを深《ふか》く吸《す》って、続《つづ》きを話し始《はじ》めました。

「ぼくね、雑誌《ざっし》に、みおぼえのあるマークを見つけました。山のりょうせんがえがかれたマークやで。中学生のとき、買ってもらって、いつも着《き》ていたフリースについたマークやったんや。」

岡部さんは、そのとき見ていた雑誌《ざっし》を、みんなに見せました。

「本当に不思議《ふしぎ》な気持《きも》ちでした。あのとき、あのフリースが、なぜ好《す》きになったのか。

パタゴニアのロゴマーク

とくべつ着《き》やすかったかと言えば、そうではなかった気がするし。

でも、今、あのフリースが、ペットボトルからリサイクルされたモノだとわかって、不思議《ふしぎ》なつながりを感《かん》じました。ぼくは、パタゴニアの人に会いたくなりました。でも、アメリカまでは、なかなか行けません。

そんなある日、リック・リッジウェイさんが、日本にくるという情報《じょうほう》が入ってきました。講演《こうえん》をするというのです。場所《ばしょ》は大阪でした。ぼくは、大阪にかけつけました。

（どこのだれともわからない、ぼくみたいな人間が、ちょくせつ会いたいと言ったら、失礼《しつれい》になるやろか。でも、リック・リッジウェイさんに会えるチャンスは、めったにないからなあ……。）

ぼくは、勇気《ゆうき》をふりしぼって、楽屋《がくや》をたずねました。リック・リッジウェイさんは、初対面《しょたいめん》のぼくを、昔《むかし》からの知り合いのようにむかえてくれました。

ぼくは、おずおずと質問《しつもん》しました。

『なぜリヤカーをひっぱって、調査《ちょうさ》をしているのですか。広い地域《ちいき》を調《しら》べるのだから、自動車《じどうしゃ》を使《つか》ったほうがいいのではないですか。』

リック・リッジウェイさんは、おだやかに答えてくれました。

『自然《しぜん》にかける悪影響《あくえいきょう》を、できるかぎり少なくしたいからですよ。自然《しぜん》を大切にする取《と》り組みだからといって、楽《らく》していいはずはないでしょう。効率《こうりつ》より大切なモノがあるのです。』

（〝効率《こうりつ》より大切なモノがある〟、すごいことを、さらりと言うなあ。わすれないようにしなくちゃ。）

ぼくは、心のカメラで、リック・リッジウェイさんの言葉《ことば》を、ばっちり写《うつ》しました。

ぼくは、思い切って、ピンホールカメラのことを話しました。そして、何枚《まい》かの写《しゃ》真《しん》を見せました。リック・リッジウェイさんはのりだして、ぼくの手をにぎり、

『すごい。これはいい。ほんとにいいですよ。岡部さん、すばらしいカメラで、すばらしい写真《しゃしん》をどんどんとりなさい。そして、世界中《せかいじゅう》の人に伝《つた》えなさい。』

彼《かれ》は、「ファンタスティック」を、連発《れんぱつ》しました。この言葉《ことば》は、最高《さいこう》のほめことばです。

『ダメだ、こんな写真《しゃしん》、使《つか》い物《もの》にならない。』

『ゴミで作ったカメラで、いい写真《しゃしん》がとれるはずはない。考え方がまちがっている。』

そうばかにされたぼくの写真《しゃしん》を、ほめてくれたのです。リック・リッジウェイさんとつないだ手が、たしかに温《あたた》かく感じます。これは、夢《ゆめ》ではありません。

ぼくが、自信《じしん》を取《と》りもどしたしゅんかんでした。」

（六）ピンホールカメラがとった傑作《けっさく》

「春、さつえいにでかけたとき、竹林をぬけていくと、カサッ、カサッ、かわいた音が聞こえてきました。『何の音やろう』と注意《ちゅうい》してみると、竹が、竹の子のときつけていた皮《かわ》を、ぬぎすてた音でした。竹の子の育《そだ》つ音です。

秋、林を歩いていたとき、ポン……ポン……ポン……と、聞きなれない音を聞いたことがあります。あれはドングリが落《お》ちる音でした。

（あの音もこの音も、生きてる音や）

忙《いそが》しくしていたら聞こえない音です。ピンホールカメラは、五秒とか十秒とか、じっとしているモノしかとれません。ゆっくりしたら見えるモノもあるにちがいありません。

ある日、のんびり歩いていたら、アスファルト道路《どうろ》のわれめに、カタバミの花が咲《さ》いていました。一センチにもみたない黄色い花が、空に向《む》かってせいいっぱい咲《さ》いたんです。

（そうや。ぼく、空をとってやる。）

ついにぼくは、とことんつきあっていきたい被写体《ひしゃたい》を見つけました。

部屋《へや》を一歩出たら、空があります。自動車《じどうしゃ》のはげしく行き交《か》う大通りにも、京都駅の屋上《おくじょう》広場にも、鴨川《かもがわ》にかかる橋《はし》の上にも、学校の校庭《こうてい》にも、池の上にも、比叡山《ひえいざん》をとおくのぞむ畑にも、空はあります。ぼくなあ、いい思いつきに、飛《と》び上がりたい気分になってしもたわあ。」

岡部さんの表情《ひょうじょう》が、明るくなりました。子どもたちは、それを見逃《みのが》しません。前のめりになる子もいます。

「あの日、ぼくは、いつものように、ピンホールカメラを持《も》って、さつえいにでかけました。近くの法の山です。そこにのぼると、京都の街《まち》が見下ろせます。

『そろそろ冬がくるなあ。』

よく晴れていました。冬にはめずらしく青い空です。綿菓子《わたがし》のような雲が、ぽっかりうかんでいます。ぼくは、カメラをセットしました。

（きっといい写真《しゃしん》がとれるぞ……）

そんな予感《よかん》がしました。

カメラマンは、いい写真《しゃしん》がとれたとき、うれしいんやで。そやし、街《まち》の写真屋《しゃしんや》でプリントしてもらって、袋《ふくろ》から写真《しゃしん》を取《と》り出すときが、一番ドキドキするんや。法の山からとった写真《しゃしん》ができたときは、袋《ふくろ》から引き出して、思わずいきをのんでしまいました。

『なんや、これは……。』

とったつもりのない写真《しゃしん》が、指先《ゆびさき》で、かすかにふるえています。

『なんで太陽が……。』

写真《しゃしん》には、太陽が写《うつ》っていました。

ピンホールカメラは、カメラマンが、ファインダーをのぞいて、シャッターをきるということをしません。そのまま放《ほう》っておけば、カメラがしぜんに写《うつ》すのです。

『もしかして……。』

セットするとき、角度《かくど》をまちがえたのでしょう。

写真《しゃしん》には、太陽の光が写《うつ》っています。放射線状《ほうしゃせんじょう》に広がる光は、虹色《にじいろ》をおびています。

『きれいやなあ。』

あとは、言葉《ことば》になりませんでした。自然《しぜん》の正体を見た、という感《かん》じです。ありきたりの言い方ですが、神秘的《しんぴてき》でした。

プロのカメラマンは、太陽は写《うつ》らないと知っています。太陽は、まぶしすぎるので

す。カメラを向《む》けて、太陽を見たら、目を悪《わる》くしてしまいます。だから、レンズがあるカメラでは、いろいろ細工をしなければ、太陽の写真《しゃしん》はとれません。

『ピンホールカメラだから、写《うつ》せた……。』

ぐうぜんでした。失敗《しっぱい》が、すごいことをやったのです。

この写真《しゃしん》は、ぼくが見つけた「美《うつく》しいモノ」です。とるぞっといきごんでいたときには、とれなかった写真《しゃしん》。失敗《しっぱい》したからこそ、とれた写真《しゃしん》でした。

『ありがとうございました。』

ぼくは、しぜんに頭をさげていました。

それから、ぼくは、待《ま》つ人になりました。セットして、光がピンホールをとおるのを。その光が、フィルムに像《ぞう》をむすばせるのを。一秒です。太陽は一秒あれば写《うつ》せます。

太陽の光が、地球《ちきゅう》のエネルギーの源《みなもと》と聞いたことがあります。太陽は、今も昔《むかし》も、生き物《もの》の命《いのち》の源《みなもと》です。

自然環境《しぜんかんきょう》をたいせつにするリック・リッジウェイさんは、たしかこう言っていました。

『岡部さん、すばらしい写真《しゃしん》を、どんどんとりなさい。そして、世界中《せかいじゅう》の人に伝《つた》えなさい。』

ぼくは、知り合いの新聞記者《しんぶんきしゃ》と連絡《れんらく》をとりました。新聞記者《しんぶんきしゃ》は、興奮気味《こうふんぎみ》に言いました。

『すごいじゃないですか。もっとほかにないんですか。』

よくじつ、ぼくは、ピンホールカメラといっしょに、新聞にのりました。

近所《きんじょ》のおばさんも、よく行くコンビニの人も、笑顔《えがお》で声をかけてくれました。

『達平くん、写真《しゃしん》ようとれとったねえ。』

『知り合いが出とったで、おどろいたわあ。』

取材《しゅざい》の申《もう》しこみが、次《つぎ》から次《つぎ》へ入りました。

『エコって、どっかにみみっちい感《かん》じがつきまといますけど、実《じつ》は、気がつかないいいものを、発見《はっけん》することかもしれませんねえ。』

『廃品《はいひん》でこんなに美《うつく》しい写真《しゃしん》がとれるなんて、感動《かんどう》ですよ。』

ぼくが、記事《きじ》の反響《はんきょう》をつたえると、知り合いの記者《きしゃ》は、

『地球温暖化《ちきゅうおんだんか》が問題《もんだい》になって、京都議定書《きょうとぎていしょ》ができても、市民《しみん》には、具体的《ぐたいてき》にどういうことかわかりにくいんですよ。岡部さんのやっていることは、わかりやすい。それで、興味《きょうみ》を持《も》つんですよ』って言うて、ぼくの肩《かた》を、ポンポンとたたきました。

それから、しばらくして、ぼくは、清水《きよみず》小学校の先生になったのです。」

岡部さんは、みんなをみまわして、にこやかに言いました。

「カメラマンのぼくが、なんで、環境学習《かんきょうがくしゅう》の先生になったか、分かった?」

「先生、失敗《しっぱい》して良《よ》かったなあ。」

「ほんま、失敗《しっぱい》せんかったら、先生、今も、カメラマンの助手《じょしゅ》しとったな。」

三十人の子どもたちは、親しげに岡部さんを見ました。

（七）エコバッグ作り

岡部さんは、三十人の子どもたちを見わたして、この学習《がくしゅう》が始《はじ》まった日のことを、思い出していました。

（経験《けいけん》をさせてやりたい……、ぼくは、そう思った。この子たちは、よく理解《りかい》しているし、知識《ちしき》もたくさん持《も》っているんやから。）

岡部さんは、捨《す》てるモノを集《あつ》めるのも、それを資源《しげん》にして、使《つか》えるモノを作りだすのも、子どもが主役《しゅやく》になってやる、そんな活動《かつどう》を考えていました。

でも、なかなか思いつきません。

ゴミを集《あつ》めるところまでは、できます。でも、使《つか》えるモノにするのは、むずかしいのです。

何日も考えて、子どもたちが手作りするエコバッグの活動《かつどう》を思い立ちました。

（レジ袋《ぶくろ》は、使《つか》い捨《す》ての感《かん》じが強い。自分の袋《ふくろ》を持参《じさん》して、レジ袋《ぶくろ》を断《ことわ》ることができたら、自分はゴミを減《へ》らした、と感《かん》じられるかも知れない。）

岡部さんは、この計画《けいかく》を、子どもたちに話しました。

「着《き》なくなった服《ふく》を、集《あつ》めるんやね。」

「ポリエステルって素材《そざい》でできてないと、あかんのやな。」

「そんなの、わからへんで。むずかしいのは、ぼく、にがて。」

「おもしろそうやんか。やってみようよ。」

さっそく、回収《かいしゅう》のための、手紙を作ることにしました。

ご近所《きんじょ》や知っている人に届《とど》けるプリントには、「リサイクルにとりくみます。フリースと体操服《たいそうふく》（ズボン）の回収《かいしゅう》にご協力《きょうりょく》下さい」と、よびかけ文があって、校長先生のごあいさつが書いてあります。その下の白い部分《ぶぶん》には、この企画《きかく》にとりくむ五、六年生が、手紙を書くことになりました。

みんなは、おもいおもいに手紙を書きました。

「ぼくたちは、回収《かいしゅう》した服《ふく》を、せんい会社にお願《ねが》いして、白い布《ぬの》にかえてもらいます。それでエコバッグを作るのです。お使《つか》いをたのまれたら、自分の作ったエコバッグを持《も》って、行こうとしています。よろしくお願《ねが》いします」

下級生《かきゅうせい》のクラスでもたのみました。むずかしそうな顔をする子には、何度も説明《せつめい》しました。それでも、わからない子には、プリントをわたして、「おうちの人に、読んでもらって」と、たのみました。

「こんなことなら、とっておくんやったわ。捨《す》てたばかりで、うちにはあらへん。」

「出してやれるもの、あるかもしらんけど、めんどくさいなあ。」

直接《ちょくせつ》に、間接《かんせつ》に、大人の声が、聞こえてきます。

プリントを配《くば》ってから、みんなは、早めに学校へ行きました。配《くば》ったプリントには、「保護者《ほごしゃ》のかたから、お子さまへ、そして、五、六年生へおわたしください」と、書いてあったからです。自分たちの活動《かつどう》のために、服《ふく》を運《はこ》んでくれる下級生《かきゅうせい》に、「ありがとう」と、言いたいのです。

でも、服《ふく》は、なかなか集《あつ》まってきませんでした。

「まだ、三着。これっぽっちやと、せんい会社の人、少ししか白い生地、くれへんねえ。」

「三着では、全員《ぜんいん》がエコバッグを作るのは、ムリやで。」

「これやったら、一寸法師《いっすんぼうし》のエコバッグしか作れへんで。」

「プリント配《くば》っただけでは、あかんのやわ。がんばっていることを伝《つた》えて、たのんでみようや。」

「集《あつ》めて回ろうか。ぼくらの気持ちを、ぼくらの口で伝《つた》えるんや。」

「それがええ。子どもがおらんおうちもあるし。」

みんなは、一軒一軒《いっけんいっけん》、近所《きんじょ》のおうちを訪問《ほうもん》して、自分たちの活動《かつどう》を話しました。

「あれまあ、あいにくうちとこ、年寄《としよ》りの二人ぐらし、フリースたらなんたら、そんなハイカラなもんは、なかったわあ。悪《わる》いなあ。」

そのおとなりも、お年寄《としよ》りだけのおうちでした。

「何日か待《ま》ってみて。まごのがあるかもしらん。今夜、電話をかけてみたるわ。」

みんなは、歩いて回って、うれしかったこと、こまったことを報告《ほうこく》し合いました。

おとうさんのもののまねをして、報告《ほうこく》した子もいました。

「フリースなら、会社の若《わか》い人に言うてみたるわ。」

集《あつ》まり出すとどんどん集《あつ》まって、初《はじ》めのころの不安《ふあん》は、どこかへとんでいきました。

ちゃんと洗濯《せんたく》してあります。校長先生のお願《ねが》い文には、洗濯《せんたく》した物《もの》を回収《かいしゅう》に出して下さいと、書いてありました。それを読んでくれているのです。

「集《あつ》まりすぎてへん?」

「わたしらが入れるほど、大きなダンボールが五つもあるで。」

この活動《かつどう》を知って、遠くから使《つか》わなくなった体操服《たいそうふく》を、送《おく》ってくれた人もいます。

となりの学区《がっく》で、協力《きょうりょく》してくれた子どもたちもいました。

みんなは興奮気味《こうふんぎみ》です。一週間後、クラス全員《ぜんいん》で、ダンボール箱《ばこ》の中を調《しら》べました。

「先生、何かついていたら、リサイクルできひんよね。」

えりもとに、五つ六つ、きらきら光る小さなスパンコールをみつけたのです。

「何度も生き返《かえ》ってもらうんや。混《ま》じりけのないものだけにしよう。」

岡部さんは、不純物《ふじゅんぶつ》が混《ま》じらないように、目を配《くば》りました。これを、リサイクルする会社に送《おく》ります。自分たちの活動《かつどう》が、大人の仕事《しごと》の仲間入《なかまい》りをするのです。てぬきはできません。

「うーっ、暑《あ》っつう。あせだくだく。」

「クーラー、あればいいのになあ。」

「何言うてんの。電気は節約《せつやく》せな。わたし、あおいであげるわ。」

うちわがないので、ノートやしたじきで、ばたばた風を起《お》こします。

「ダンボール五箱《はこ》だと、どれくらいの量《りょう》の生地になるかな。」

「わからんわ。白い生地をもらったら、みんなで平等《びょうどう》に分けような。みんなしてがんばったんやから。」

「岡部先生もがんばったと思うわ。」

「わたし見てたけど、先生、働《はたら》いてなかったで。がんばったのは、わたしらやわあ。」

あんまり暑《あつ》いので、岡部さんは顔をあらいに行きました。どうやら、それを見られたようです。岡部さんは、苦笑《にがわら》いしました。

チェックの終《お》わった服《ふく》は、ほとんど問題《もんだい》がありませんでした。

数日して、岡部さんのところに、リサイクルされた生地が届《とど》きました。

「あのゴミが、この真《ま》っ白な生地になったの。」

「きれいやなあ。ほんま新品《しんぴん》や。リサイクルって、かっこええなあ。」

岡部さんは、感激《かんげき》する子どもたちに囲《かこ》まれて、生地を切り分けました。シャク、シャクッ、生地を切り分けるハサミの音が、講堂《こうどう》にひびきます。

みんなは、図案《ずあん》を考えました。自然《しぜん》の絵をえがくことに、決めています。ずっとのこしておきたい、大好《だいす》きな自然《しぜん》です。

ダダダダダ　ダダダダ　ミシンをかける音が、耳につっこんできます。男の子も女の子も、ミシンをかけるのは得意《とくい》です。

「ぼくんち、エコバッグ、四つもあるから、夏休み、田舎《いなか》のおばあちゃんちへ行くとき、おみやげに持《も》ってってあげるねん。」

できあがったエコバッグをさげて、みんなはうれしそうです。

(七) エコバッグ作り

グループに分かれてのゴミのリサイクルの調べ学習

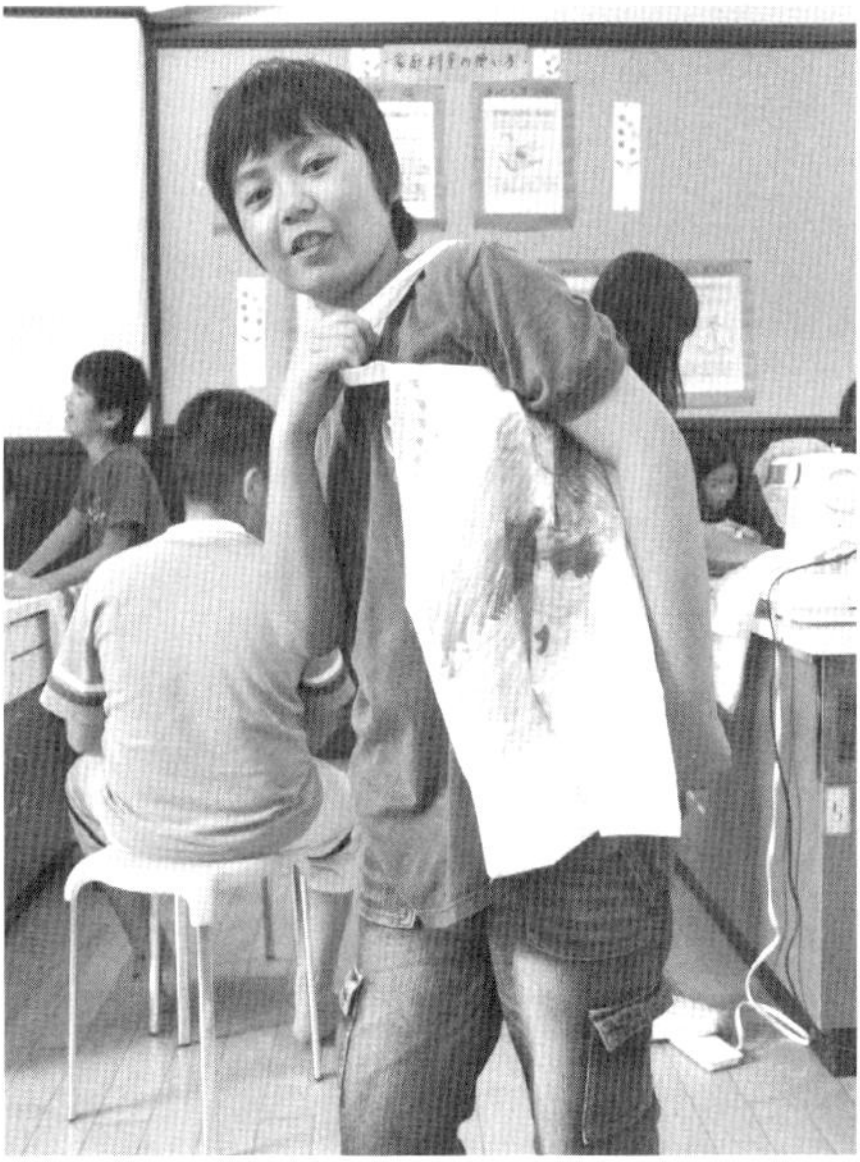

完成したエコバッグ
「どう?　かっこいい?」

（八）生まれた願《ねが》い

十月になりました。環境学習《かんきょうがくしゅう》も、あと二回で終《お》わりです。

五、六年生合同の環境学習《かんきょうがくしゅう》クラスは、三十名がすっかりなかよしになりました。

岡部さんともうちとけて、なんでも話せる人になっています。

夏休みが終《お》わっても、「わたしのやったエコ」発表《はっぴょう》は、続《つづ》いていました。

「ろうかに、すだれをかけています。」

「クーラーは、暑《あつ》くてたまらんときだけにして、部屋《へや》に風を通しました。打《う》ち水をすると、涼《すず》しい風がきました。」

「水を飲《の》むとき、冷蔵庫《れいぞうこ》を、さっとしめました。」

「雨水をためておいて、庭《にわ》にまきました。」

季節《きせつ》が移《うつ》るにつれて、やっていることが変《か》わってきました。三十人全員《ぜんいん》が、発表《はっぴょう》した日もあります。ほとんどの子が、得意《とくい》そうに胸《むね》をはり、元気に発表《はっぴょう》します。

そんな中、六年生の女の子が、小さな声で言いました。とても言いにくそうです。

「わたし、ずっと考えてたんやけど……。ゴミのリサイクルって、ええことやけど、ゴミを出さんほうが、もっとええことちがうかな。わたし、エコバッグの活動《かつどう》してるとき、気持《きも》ちの全部《ぜんぶ》でいいことしてるって、思えへんかったの。」

「ええことやったし、新聞にも出たんやで。おまえ、ケチつけるんか。」

「ケチなんかつけてへん。けど……、リサイクルも、たいへんやったやろ。」

「そんなことない。楽しかった。なあ。」

同意《どうい》を求《もと》められて、あわててうなずく子がいます。

「環境《かんきょう》学習《がくしゅう》やから楽しくやってええけど、おとなたちは仕事《しごと》やし、ゴミ集《あつ》めをどんどんせなあかんやろ……。」

女の子は、そこで口をつぐみました。沈黙《ちんもく》の時間が流《なが》れます。だれも、口を開《ひら》きません。三分、いや一分くらいだったでしょう。みんなには、ずいぶん長い時間に感《かん》じられました。

女の子が、言いました。

「話をしてもらったときは、気がつかなかったんやけど、岡部先生、ペットボトル買わんと、水筒《すいとう》持《も》ってはるやんか。あれは……。」

「そんでも……。リサイクルはええことやで。」

「ええことやけど、リサイクルするからって、ゴミを出さへん工夫《くふう》をなまけては、あかんやろ。」

「そうかもしれんけど……。」

「岡部先生、リサイクルはよいことですか。」

とつぜん、直球《ちょっきゅう》のような質問《しつもん》が、岡部さんにとんできました。岡部さんは、真《ま》っ正《しょう》面《めん》でそれをうけて、ていねいに話しました。

「いいことに気がついたね。ペットボトルは、リサイクルできるゴミだよね。だから、便利《べんり》に使《つか》って、捨《す》てないでリサイクルすれば良《よ》い、と考える人もいる。

日本では、小さいのや大きいのや、いろいろな形のペットボトルを開発《かいはつ》したので、一九九五年には、一七・三万トンだったゴミが、二〇〇〇年には、四十万トンを越《こ》えるほど増《ふ》えているんだ。リサイクルと言っても、プラスチックの再利用《さいりよう》は、植木鉢《うえきばち》やベンチなどに再生《さいせい》するくらいしかできないんや。他《ほか》は、燃《も》やすか埋《う》めているんやで。」

「そやったら、リサイクルするからって、安心《あんしん》してゴミを増《ふ》やしたらあかんわなあ。」

「そやそや。」

「どないしたら、ゴミを減《へ》らせるか、こんど研究しよか。」

岡部さんは、環境学習《かんきょうがくしゅう》をする中で、子どもたちの関心《かんしん》が、学ぶことからやることへ、変《か》わったなと思いました。それが、とてもうれしくて、議論《ぎろん》するみんなを見つめていました。

最後《さいご》の授業《じゅぎょう》の日、担任《たんにん》の先生が、環境学習《かんきょうがくしゅう》の感想《かんそう》を書くよう、みんなに言いました。

そして、それは、感謝《かんしゃ》の言葉《ことば》と共《とも》に、岡部さんにプレゼントされました。岡部さんの大好《だいす》きな空色の表紙《ひょうし》がついています。六か月の間に、岡部さんのことも、初《はじ》めのころと比《くら》べものにならないくらい、わかっています。

授業《じゅぎょう》の終《お》わりを告《つ》げるチャイムが鳴りました。これで、お別《わか》れです。

岡部さんは、気持《きも》ちとは反対《はんたい》に、元気に教室を出ました。そして、早足で職員室《しょくいんしつ》にもどり始《はじ》めました。そのとき、足音が近づいてきました。

「先生……。ちょっと待《ま》って。」

ふりかえると、六年生の女の子が二人立っていました。岡部さんに、たいせつな用事があるようです。あらいいきが聞こえます。ドキドキしているのでしょう。

「先生……。」

二人の目が、まっすぐ岡部さんを見つめています。

「わたしらも、先生が着《き》ているような、永遠《えいえん》に捨《す》てない服《ふく》が着《き》たいです。」

「でもね、先生、うちは、自分で服《ふく》を買うのとちごて、お母さんが服《ふく》を買うてくれるの。お父さんが買ってくれるときもあるけどな。」

「そやから、大人になったら、働《はたら》いてお金ためて、先生の着《き》ているみたいな服《ふく》、買うわ。でも、心配《しんぱい》。わたしら、大人になるまでまだ時間がかかるやろ。それまで、地《ち》球《きゅう》は待《ま》っててくれはるやろか。」

「わたしら、子どもやし……。」

女の子たちの真剣《しんけん》な目は、すんでいます。そして、強い光を放《はな》っていました。

「そうかあ。そんなふうに考えたんだね。それで、心配《しんぱい》になったんやね。」

岡部さんは、目がさめた感《かん》じがしました。

あのとき、気づくべきでした。「わたしのやったエコ」の発表《はっぴょう》を、スタートしたばかりのころのこと、岡部さんが、「地球温暖化《ちきゅうおんだんか》」を、説明《せつめい》しているときです。

「太陽の光は、熱《ねつ》といってもいいよね。大気《たいき》をつきぬけて、地球《ちきゅう》にとどいてくるんだ。その熱《ねつ》は、地球《ちきゅう》にぶつかると反射《はんしゃ》して、宇宙《うちゅう》に逃《に》げるんだけど、地球《ちきゅう》は空気の厚《あつ》い層《そう》でくるまれていて、その大気《たいき》の中の二酸化炭素《にさんかたんそ》やメタン、水蒸気《すいじょうき》など、温室効果《おんしつこうか》ガスと言われるものが、逃《に》げる熱《ねつ》を吸収《きゅうしゅう》するんや。

もし、二酸化炭素《にさんかたんそ》がなかったら、地球《ちきゅう》はマイナス十八℃の寒《さむ》い星になっているから、ぼくら人間は生きていけないよね。さいきん、二酸化炭素《にさんかたんそ》は悪者《わるもの》のように言われているけど、増《ふ》えすぎたからこまっているんやで。

地球《ちきゅう》の平均気温《へいきんきおん》は、二十世紀《せいき》の百年間で、平均《へいきん》で〇・六℃上がったそうや。このままでいくと、二十一世紀《せいき》のうちに、四℃から六℃高くなってしまうと予測《よそく》されている。

そうなったら、どうなるか。ぼくらで、へらせる工夫《くふう》はないやろか。」

「ぼくらは、自動車《じどうしゃ》はのらへんし……。」

「太陽光発電《たいようこうはつでん》の家を建《た》てることもできへんし。家を建《た》てるの大人やでなあ。」

あの子たちは、「自分たちは子どもだ」と、自覚《じかく》していました。それで、温暖化《おんだんか》の取《と》り組みにも、限界《げんかい》があることに気がついていたのです。それでも、真剣《しんけん》に考え実行《じっこう》してきたのです。

学ぶうちに、自分たちも、ストップ温暖化《おんだんか》の力になることを、実感《じっかん》したのでしょう。

「自分たちも着《き》たい」という希望《きぼう》は、自分たちもやりたいという意志《いし》でもあるのです。

だから、二人は、岡部さんを追《お》いかけて、訴《うった》えたにちがいありません。

環境学習《かんきょうがくしゅう》をしたからこそ、生まれた願《ねが》い。

願《ねが》いを持《も》ち続《つづ》けられない、不安《ふあん》。

地球環境《ちきゅうかんきょう》は、進行形《しんこうけい》で悪《わる》くなっているのです。

岡部さんは、大人である自分を意識《いしき》しました。

「きみたちのその気持《きも》ち、先生は、ここで、しっかりうけとめたよ。その気持《きも》ち、ぜったい捨《す》てないから。生かすように考えていくからね。」

女の子たちが、ほっとしたようにほほえみ、ひらひらと手をふって、

「先生、またね。」

「先生、いつか会おうね。」

ふり返《かえ》り、ふり返《かえ》りして、なごりおしそうに帰っていきました。

岡部さんは、大きな宿題《しゅくだい》をもらったように感《かん》じていました。子どもたちだってできることはあります。けれど、子どもが、大人になるまでの間に、大人がやらなければならないことは、もっともっとあるのです。

子どもができる資源《しげん》のリサイクル活動《かつどう》の、良《よ》い例《れい》を岡部さんは知っています。ひょ

んなことで知り合った蜂ケ岡《はちがおか》中学校の校長先生に、中学生の活動《かつどう》を見せてもらいました。

その日は、夏休みまじかでした。校内はどこかゆったりした感《かん》じがしていました。岡部さんが訪ねてきたことを知った校長先生は、「ちょうどよかった。ついてきよし。」と、言うなり歩き出しました。

校舎《こうしゃ》のうらにまわると、幼《おさな》い子どもたちの元気な声が、はじけています。近所《きんじょ》の幼《よう》稚園児《ちえんじ》たちが、中学生が育《そだ》てたカブトムシを、もらいにきているのだそうです。

「この学校には、学校林があってね。植《う》えられて六十年たったクヌギの木が、二十四本あるんや。大人がやっとかかえられるほど、幹《みき》の太うなったものもあって、カブトムシがようけきとったんやわ。

ある日、苦情《くじょう》がきてな。落《お》ち葉《ば》を何とかしろと言うんや。こんな木、なんの役《やく》にもたっとらん、切ってしまえと言う電話もきよったわ。」

真《ま》ん中《なか》へんに小屋《こや》がありました。「カブトムシの家」と、大きな表札《ひょうさつ》が上がっていました。教室の三分の一はありそうな、広い小屋《こや》です。カブトムシの家の中に、丸太がつみあがっていました。直径《ちょっけい》十五センチはあります。

中学生が、丸太を持《も》ち上げると、白い虫が、ころんところがりおちました。よくふとっています。小さな子どもたちが、うれしそうに奇声《きせい》を上げました。

「シーッ、しずかに。これ、カブトムシの子ども、幼虫《ようちゅう》って言うんだ。まだねむたいらしいな。ほら、見てみ。おふとんに入っていくやろ。」

「カブトムシのおふとん、土なの？」

「これは、土になりかけの葉《は》っぱやで。腐葉土《ふようど》っていうの。それと、土になりかけの木。ほら、もう、もろもろになっとるわ。」

そばにいた女子が、腐《くさ》っている木をにぎってみせました。木は、手の中でかんたんにくだけました。

「これね。幼虫《ようちゅう》のごはんなんよ。ごはんは、口に入ってから、どうなるか知っとる？」

子どもたちは、食べるしぐさをしてから、しばらくだまりこみました。

答えを知っている男子は、教えたくてしかたなさそうです。女子中学生が目で注意《ちゅうい》していました。

一人が、自信《じしん》なさそうに中学生をみあげて、答えました。

「ウンコになるの？」

ピンポーン、中学生は、はじけそうないきおいで反応《はんのう》して、

「ウンコは、うーんといい土になるんやで。いい土は、やさしく種《たね》をだっこする。だっこされた種《たね》は、木や草になる。木や草は、サンソを作る。そして、枯《か》れると、土になる。土は、種《たね》をそだてて木や草になって、」

中学生は続《つづ》けます。

「木や草は、サンソを作って……」

小さい子たちはたいくつして、あたりをうろうろし始《はじ》めました。

「あっ、みっけ。この幼虫《ようちゅう》、おなかが、ゆーっくり動《うご》いとる。」

「さわったらあかん。お兄さんが言うてたやろ。」

おしゃまな女の子が、たしなめています。

ようすを見ていた岡部さんは、自分が、先生をやったときを思い出して、同じだと思いました。中学生たちは、木や草は、循環《じゅんかん》していることを伝《つた》えたいのです。落ち葉《おちば》になっても、自然《しぜん》の中では、役目《やくめ》はあることを。いのちが終《お》わって土にもどっても、また……。そういう自然《しぜん》のサイクルを、知ってほしいのでしょう。

（すごいな中学生）と思ったとき、先生の声がしました。

「みんな、こっちにいらっしゃい。お兄さんたちが、カブトムシをくださるって。」

幼稚園児《ようちえんじ》がわあっとかけていきます。首から下げた虫かごが、大きくゆれました。

「岡部さん、こっちへきてごらん。」

校長先生の指《ゆび》さすほうに、シイタケを栽培《さいばい》するための木が、ずらっとならんでいました。ホダ木です。

「学校林のクヌギの枝《えだ》や。地域《ちいき》の人から苦情《くじょう》がきて、切られそうになったクヌギやけど、話し合って、おたがいゆずりおおたら、ああなったんやで。」

クヌギは刈《か》りこまれて、ちぢこまっています。

「そのかわり、ここでも生きとるわけ。」

切り取られたクヌギの枝《えだ》は、シイタケをはやしています。

「このシイタケ、地域《ちいき》のお店で、売ってくれとる。売り上げで、シイタケ菌《きん》買うんや。木は、役目《やくめ》が終《お》わったら、あそこ。」

カブトムシの家の丸太は、腐《くさ》ったホダ木だったのです。

「捨《す》てませんねえ。」

「とことん生かす。ゴミにしないんや。どんなモノでも、かならず役《やく》にたっていることを、考えてくれるようにと、願《ねが》っているんやが、生徒《せいと》たちに、それが伝《つた》わってるとええなあ。」

校長先生は、カブトムシを虫かごに入れてやっている中学生たちを、いとおしそうに見つめました。幼稚園児《ようちえんじ》は、うれしそうに虫かごをのぞいています。

「来年もよろしく。来年大きい組になる子どもたちが、楽しみしてますから。」

「はい、だいじょうぶです。ぼくらが卒業《そつぎょう》しても、科学クラブの後輩《こうはい》が、クヌギの落《お》ち葉《ば》の掃除《そうじ》をして、カブトムシをそだてますから。」

中学生と幼稚園児《ようちえんじ》の交流《こうりゅう》は、年中行事になっているとのことでした。

「科学クラブは、学校林の掃除《そうじ》もしっかりやって、腐葉土《ふようど》を作り続《つづ》けます。」

「ごちそうがいっぱいあって、幼虫《ようちゅう》が育《そだ》ちやすいこの家、メスカブトのお気に入りですから、この中にたまごがいっぱいあると思います。」

自信《じしん》たっぷりに話している中学生たちをみて、校長先生はにやにやしています。

「先輩《せんぱい》から後輩《こうはい》へうけついでいく……。これもまた、循環《じゅんかん》やなあ。」

校長先生のひとりごとです。なんだかしみじみしています。

「心の循環《じゅんかん》かあ……。」

岡部さんは、校長先生のひとりごとを、しっかり心にとめました。

「あの中学校のような活動《かつどう》は、子どもが主役《しゅやく》でできる。学校の中でリサイクルが、完《かん》結《けつ》するからや。

けど、『永遠《えいえん》に生き返《かえ》る服《ふく》』のような活動《かつどう》を、子どもが主役《しゅやく》でやるのは、むずかしい。製品《せいひん》を作るのも大人、買うのも大人。『永遠《えいえん》に生き返《かえ》る服《ふく》』は、学校をはみだして、社会とつながらないとできない活動《かつどう》だもの。」

岡部さんは、子どもが主役《しゅやく》で活動《かつどう》することはできなくても、子どもがいなければ成《な》り立たない活動《かつどう》を、考えなければなりません。むりやりにでも、考えつかなければ……。そうでないと、あの子たちにうそをつくことになってしまいます。

地球温暖化《ちきゅうおんだんか》は、十八世紀《せいき》、イギリス人のジェームズ・ワットが、蒸気機関《じょうききかん》を発明《はつめい》したことから始《はじ》まっています。蒸気機関《じょうききかん》は、石炭《せきたん》を燃《も》やして水をふっとうさせ、その蒸気《じょうき》のいきおいを力にして、汽車や船や大きな機械《きかい》を動かしました。のちに、燃料《ねんりょう》は、石炭《せきたん》から石油《せきゆ》にかわりました。石油《せきゆ》のほうが、使《つか》いやすかったからです。

冷蔵庫《れいぞうこ》、テレビ、クーラー、パソコン……、みな電気で動きます。ほとんどの電気は、石油《せきゆ》や石炭《せきたん》を燃《も》やして作ります。

えんぴつケースもうんどうぐつも、かさやコップやオモチャや……、身《み》のまわりにあるものは、石油《せきゆ》から作られているものがたくさんあります。

石炭《せきたん》も石油《せきゆ》も、何千万年もの大昔《おおむかし》、生きていた生物のしがいや、そのころ地球《ちきゅう》をおおっていた大森林などが、地球《ちきゅう》のいとなみの中で、長い時間をかけてできたものですから、かんたんに作りだすことができません。

「ぼくらは、いつまでも石油《せきゆ》があるように思っているけれど、このまま使《つか》い続《つづ》けていけば、石油《せきゆ》は、あと五十年ももたないと言われているんだし……。」

資源《しげん》をむだに使《つか》わないためにも、リサイクルやリユースに、積極的《せっきょくてき》にとりくむ必要《ひつよう》があるのです。

あの子たちは、願《ねが》いを持《も》ちました。環境学習《かんきょうがくしゅう》をしたからです。

「宝物《たからもの》みたいな願《ねが》いや。」

岡部さんは、幸《しあわ》せな気持《きも》ちがしていました。

（九）希望《きぼう》になった宝物《たからもの》

「あの子たちの願《ねが》いを、なんとかかなえてやりたいなあ。」

その日も、岡部さんは考えていました。

（買って着《き》るだけでは、生き返《かえ》る実感《じっかん》がでないよなあ。服《ふく》を着《き》なくなったとき、リサイクル資源《しげん》として集《あつ》められて、最新《さいしん》の技術《ぎじゅつ》を生かして、工場で新しい布《ぬの》によみがえり、服《ふく》になる。この仕組《しく》みの中に、いなければならない存在《そんざい》として、子どもが加《くわ》わっている……。）

（エコを実践《じっせん》できる服《ふく》……。いい考え、うかべ。）

名案《めいあん》を思いつかない岡部さんは、自分の頭にかるいげんこつをくらわせました。

（学校でやるんやったら、友だちといっしょにやるほうがええよなあ……。）

何日も考えました。

（学校の服《ふく》……。）

何か月も考えました。

（どの子にもみじかにある服《ふく》……。）

昼も夜も、ねむっていても考えました。

（かざりがなくてシンプルで、卒業《そつぎょう》するとき、着《き》なくなる服《ふく》……。）

うーんと、ええーっと、うなって考え続《つづ》けました。

ある日、とうとう、思いつきました。

「そうや。体操服《たいそうふく》や。」

自分の思いつきに、岡部さんは、思わず手をたたいていました。

なんていいモノを、みつけたのでしょう。

体操服《たいそうふく》は、かざりなどついていません。シンプルにできています。素材《そざい》は、ほとんどのモノが、ポリエステルです。あせをすっても、かわきやすいからです。

まるごとポリエステル、子どもがいなければ成《な》り立たない活動《かつどう》。

現在《げんざい》は、ほとんどすべての体操服《たいそうふく》が、ゴミとして捨《す》てられます。まだ着《き》られるから と弟や妹にゆずっても、さいごはゴミになってしまいます。

だからもし、ゴミになっていく体操服《たいそうふく》を、生き返《かえ》らせることができたら……。


岡部さんは、二酸化炭素《にさんかたんそ》がどれだけ減《へ》らせるか、計算してみることにしました。

二酸化炭素《にさんかたんそ》は、色がついていませんから、見ることができません。それで、岡部さんは、二酸化炭素《にさんかたんそ》がつまったドッチボールを想像《そうぞう》してみました。

小学生の体操服《たいそうふく》は、上着《うわぎ》とパンツです。中学生になると、それに、ジャージの上下が加《くわ》わります。

京都市のゴミ袋《ぶくろ》で計算してみると、小学生は四百袋《ふくろ》、中学生は千袋《ふくろ》、卒業《そつぎょう》のときに捨《す》てることになります。石油《せきゆ》から新しい体操服《たいそうふく》を作る場合と、ゴミにして燃《も》やしてしまうはずの体操服《たいそうふく》を、よみがえらせる場合を計算します。

体操服《たいそうふく》のリサイクルに取《と》り組んだら、どれくらいの効果《こうか》があるのでしょう。

小学生なら体操服《たいそうふく》一組でドッヂボール八個分、中学生ならドッチボール三十個分の二酸化炭素《にさんかたんそ》を減《へ》らせることがわかりました。

もし、京都市全体《ぜんたい》で、この体操服《たいそうふく》のリサイクルをやったら、小学生は、毎年、ドッチボール八万四千七百二個分の二酸化炭素《にさんかたんそ》が、減《へ》らせます。中学生は、毎年、三十万一千九百八十個の二酸化炭素《にさんかたんそ》が減《へ》らせるのです。

二酸化炭素《にさんかたんそ》だけでなく、エネルギーも減《へ》らせます。小学生一万人なら、家庭《かてい》が一年間に使《つか》うエネルギーの、六世帯《せたい》分を減《へ》らせます。中学生一万人なら、二十二世帯《せたい》分です。

「実現《じつげん》すれば、京都市のためになるで。もし、全国に広がれば、日本のためにもなるなあ。」

世界《せかい》には、ゴミになったポリエステルを、新しいせんいに再生《さいせい》できる会社が、いくつもあります。

ポリエステルの服《ふく》からだけではなく、古いペットボトルなどからも、せんいを作ることができます。でも、再生《さいせい》できるのは、一度だけです。二度目は、再生《さいせい》しても、ぼろぼろとくずれて、使《つか》えるせんいになりません。

日本にも、そういう技術《ぎじゅつ》を持《も》つ会社は、いくつもあります。

岡部さんは、帝人《ていじん》ファイバーという会社に連絡《れんらく》をとりました。帝人《ていじん》ファイバーは、旭化成《あさひかせい》せんいという会社と連絡《れんらく》をとりました。

この会社では、何度でも、やわらかいせんいに再生《さいせい》できる技術《ぎじゅつ》を、開発《かいはつ》していました。世界《せかい》のリサイクル技術《ぎじゅつ》にさきがけて、日本の会社が成功《せいこう》しているのです。

この技術《ぎじゅつ》は、石油《せきゆ》から作るポリエステルと、同じ原料《げんりょう》に再生《さいせい》することができます。資源《しげん》の再利用《さいりよう》という点から言えば、文句《もんく》なしの技術《ぎじゅつ》です。これこそがリサイクルと言えます。

何日かして、会社から返事《へんじ》がきました。

岡部さんは、感謝《かんしゃ》しながら、まず思いうかべたのは、よみがえる体操服《たいそうふく》を着《き》た二人の女の子でした。

「協力《きょうりょく》しましょう。」

「先生みたいな服《ふく》、着《き》られたわ。わたしらも、エコをやれとるんや。」

うれしそうな笑顔《えがお》の子どもたちです。

「子どもたちが、思いっきり運動《うんどう》して、そして、エコもできるなんて、よみがえる体《たい》操服《そうふく》はすてきやで。」

岡部さんは気をひきしめました。

よみがえる体操服《たいそうふく》のことを、大人たちに伝《つた》えなければなりません。

六年生は、中学生になれば中学生の体操服《たいそうふく》を着《き》ます。だから、卒業《そつぎょう》のとき、もう着《き》なくなる体操服《たいそうふく》を集《あつ》めれば、本当のリサイクルがスタートします。服《ふく》は工場にはこばれ、世界的《せかいてき》に優《すぐ》れたリサイクルの技術《ぎじゅつ》で、新しいせんいに生まれ変《か》わって、それぞれの学校で決めた体操服《たいそうふく》が作られ、学校にかえってくるわけです。中学生も同じです。

これを、わかりやすく説明《せつめい》するには、イメージしやすい言葉《ことば》が必要《ひつよう》です。

「『ぐるぐるまわりの体操服《たいそうふく》プロジェクト』と、いうのはどうやろか。」

目をつぶって、イメージしてみます。やれやれ、蚊取《かと》り線香《せんこう》が、うかんでしまいました。

「『体操服《たいそうふく》、不《ふ》死《し》鳥《ちょう》プロジェクト』と、いうのはどうやろな。」

不死鳥《ふしちょう》という言葉《ことば》は、子どもたちに話すときにも、考えた言葉《ことば》でした。でも、不死《ふし》鳥《ちょう》は、昔《むかし》からあるイメージです。それにたよるのは、残念《ざんねん》な気がします。

この取《と》り組みは、新しい試《こころ》みなのです。だから、キャッチコピーは、新鮮《しんせん》な言葉《ことば》を、思いつきたいのです。

考えているだけでも、胸《むね》がおどります。希望《きぼう》がふくらんで、岡部さんの体は、頭のてっぺんから足の先まで、やる気でいっぱいになっています。

（十）活動開始《かつどうかいし》

考えはじめてから半月ばかりすぎた日でした。

「これや。」

頭をかかえてすわりこんでいた岡部さんは、いきおいよくたちあがっていました。

「子どもたちは、学校へ行くとき、いってらっしゃいとおくりだされて、おかえりなさいとむかえられる。『体操服《たいそうふく》！　いってらっしゃい、おかえりなさい』プロジェクト。子どもの姿《すがた》が見えるようや。ええわ。」

善《ぜん》は急《いそ》げです。岡部さんは、イラストレーターの友だちのところへ、走っていきました。自分はイラストが下手なので、だれかの力を借《か》りなければなりません。友だちは、わかりやすいイラストを、描《えが》いてくれました。

次《つぎ》に、チラシを作ります。ゴミ袋《ぶくろ》の黄色が、目を引くチラシです。チラシに太い字で、「体操服《たいそうふく》は、捨《す》てられ、ゴミになっています」と書きました。それから、「どれくらいの量《りょう》か想像《そうぞう》できますか」とも書きました。岡部さんの計算によると、京都市のゴミ袋《ぶくろ》六千四百五十八個分になります。


岡部さんは、さっそく活動開始《かつどうかいし》しました。

岡部さんの耳に、「うちらも、永遠《えいえん》に捨《す》てない服《ふく》が着《き》たい」と言った、あの子たちの声がよみがえります。

「このプロジェクトは、京都からスタートさせたいな。」

と、岡部さんは思います。あの子たちの思いを、忘《わす》れないために。

まず自然《しぜん》を守《まも》るために、活動《かつどう》している知り合いのところへ出かけました。

『体操服！　いってらっしゃい、おかえりなさい』プロジェクトの内容。

「へーえ、初耳《はつみみ》やわ。体操服《たいそうふく》のリサイクルかあ。広がればいいねえ。」

知り合いは、すぐ学校と連絡《れんらく》をとってくれました。

でも、環境《かんきょう》に気持《きも》ちをかたむけて活動《かつどう》している人でさえ、初耳《はつみみ》だといいました。

学校でとり組むには、めずらしすぎるのかもしれません。うまく始《はじ》まりそうにありませんでした。そこで、ほかの県《けん》にも行きました。

「これからの社会は、リサイクルがあたりまえの考え方にならないと、なりゆかなくなるんやから、子どものときに、これで経験《けいけん》しておくのは悪《わる》くないよね。」

そう考える人はいました。でも、学校は、子どもなら、だれもが行くところです。たくさんの人の賛成《さんせい》が必要《ひつよう》です。

「こんどこそ……。」

そう思って、はりきって出かけても、がっかりする日が続《つづ》きました。あんなにふくらんだ希望《きぼう》は、小さくしぼんでしまって、どこにあるのかわからないくらいです。

「やめようかなあ……。」

思わずつぶやいてしまって、岡部さんは、大きく首をふりました。

「やめるもんか。あの子たちと、やくそくしたんや。」

岡部さんは、自分をはげまして、また『体操服《たいそうふく》！　いってらっしゃい、おかえりなさい』プロジェクトの説明《せつめい》に出かけます。


京都五山《きょうとござん》に送《おく》り火がたかれ、お盆《ぼん》の行事《ぎょうじ》が終《お》わると、夏休みものこりわずか。しばらくすると、京都の街《まち》に、秋の気配《けはい》を感《かん》じるようになります。お寺の木々も街路樹《がいろじゅ》も青々していますが、そこをぬけてくる風が、ふとした瞬間《しゅんかん》、ひんやりするのです。

その日、岡部さんは、役所《やくしょ》へ行きました。がんばって説明《せつめい》したのに、やっぱり、よい反応《はんのう》ではありませんでした。

うなだれて外に出ると、足もとがふらついて、あぶなく階段《かいだん》をふみはずしそうになりました。説明《せつめい》にエネルギーを使《つか》いはたしてしまったのかもしれません。

（しっかりしろ達平《たっぺい》。しゃきっとしろ達平。）

岡部さんは、自分にカツをいれました。それでも、元気が出ないまま、とぼとぼ歩きました。

ずいぶん歩いたようです。岡部さんは、ふと目を上げました。すると、そばやがありました。

「おなかがへっては、元気が出ない。元気がないと、説明《せつめい》かて迫力《はくりょく》にかけるで。」

時計を見ると、十時を回ったばかりです。

「お昼には早すぎるけど、エネルギーほきゅうや。ばんばん食うたろ。」

岡部さんは、おおもりの親子丼《おやこどん》を注文《ちゅうもん》しました。ぺろりと平《たい》らげました。それでも、おなかにすきがあったので、もりそばもたのみました。

そばがくるあいだ、説明《せつめい》の練習《れんしゅう》をしようと、岡部さんはチラシを広げました。

店員《てんいん》さんが、チラシをのぞきこみました。

「なんです、かわいいですね。体操服《たいそうふく》みたいやけど……。」

「ええ、体操服《たいそうふく》のリサイクルなんです。」

岡部さんは、『体操服《たいそうふく》！　いってらっしゃい、おかえりなさい』プロジェクトのことを話しました。

「へーえ。どうしてあかんのかなあ。うちの子に着《き》せてやりたいわあ。」

岡部さんは、聞きまちがえかと思いました。水を運《はこ》んでくれた店員《てんいん》は、まだチラシをのぞきこんでいます。

「うちの子、大文字駅伝《だいもんじえきでん》の選手《せんしゅ》やったんよ。」

大文字駅伝《だいもんじえきでん》は、京都の小学五、六年生による学校対抗《たいこう》の駅伝《えきでん》です。送《おく》り火がともる五山《ござん》のふもとをぬうように走るので、こうよばれています。二月、底冷《そこび》えのする京都の北を、学校を代表《だいひょう》する十人がたすきをつなぐのです。学校を代表《だいひょう》して走るので、選《せん》手《しゅ》の家の人はもちろん、友だちも地域《ちいき》の人も、力を入れて応援《おうえん》します。

「あの子、ようけ練習《れんしゅう》しとったわ。体操服《たいそうふく》、毎日、あせでどぼどぼ。あの体操服《たいそうふく》が、ゴミにならんと生きかえるんやったら、うれしいやろねえ。」

店員《てんいん》は、調理場《ちょうりば》でそばをうっている男の人に、声をかけました。

「ねえ、彼《かれ》ならこの取《と》り組み、おもしろがるんとちがうかな。」

彼《かれ》と言うだけで、その人とわかるようです。

「そやな、連絡《れんらく》してみ。」

さっそくケイタイで、連絡《れんらく》がとられます。その人は、地域《ちいき》で環境活動《かんきょうかつどう》を熱心《ねっしん》にしている人で、ＰＴＡの役員《やくいん》もしているそうです。十分もたたないうちに、おもてに人の気配《けはい》がして、男の人がとびこんできました。日焼《ひや》けしています。

「なんやって？」

「ねえ、このプロジェクトのやっていること、すごいんとちがう。体操服《たいそうふく》一組で、ドッチボール、八個分の二酸化炭素《にさんかたんそ》が減《へ》らせるんやてよ。

御所南《ごしょみなみ》小学校は、環境学習《かんきょうがくしゅう》にも熱心《ねっしん》やないの。体操服《たいそうふく》やったら、どうせ買うものやし。校長先生に聞いてもらったらどうえ。わたしは子どもたちといっしょに、やれることやし、ええなあって思ったんやけど……。なんせ、わたしら、京都人。『京都《きょうと》議定書《ぎていしょ》』がつくられた街《まち》の人やもん。」

「そうやな。」

あせをふいて、男の人は、岡部さんに説明《せつめい》を求《もと》めました。

岡部さんは、思わずつばを、ごくんとのみこみました。たいていは、学校のことは学校にまかせようと、口も手もだしません。学校のことなのに、地域《ちいき》の人がのり出してくるなんて、めずらしいことなのです。

それは、この学校に、ちょっとした訳《わけ》があったからです。

今からざっと百五十年前、幕府《ばくふ》中心の政治《せいじ》から、朝廷《ちょうてい》とそれをささえる新政府《しんせいふ》が生まれ、時代《じだい》は明治《めいじ》になりました。※富国強兵《ふこくきょうへい》と新しい知識《ちしき》を求《もと》める人々の気運《きうん》が高まって、学校が作られます。

日本全国に小学校が作られるのは、明治五年です。京都では、それより三年早い、明治二年に六十四の小学校ができています。

京都の人たちは、「子どもたちのために」、自分たちの力で、自分たちの地域《ちいき》に、学校を作ったのです。新しい時代《じだい》に多くの人が希望《きぼう》を持《も》ちました。「これから」に夢《ゆめ》を描《えが》きました。そして、かまどのある家はどの家もお金を出す「かまど金制度《きんせいど》」で、学校を作るためのお金を集《あつ》めたのです。

御所南《ごしょみなみ》小学校のある地域《ちいき》は、京都の真《ま》ん中。時間がたっても古びない良《よ》い伝統《でんとう》が生きているのです。自分たちの力で、新しい知識《ちしき》を学べるように、子どもたちのために学校を作った、あの心意気《こころいき》がささえている伝統《でんとう》です。

地域《ちいき》の人たちが、学校に無関心《むかんしん》ではありません。ほこりをもって、学校の運営《うんえい》にの

※富国強兵…国の力を充実《じゅうじつ》させるために、産業《さんぎょう》の育成《いくせい》と軍《ぐん》の強化《きょうか》をはかった政策《せいさく》。

り出していく人たちです。

岡部さんは、はりきりました。求《もと》められて説明《せつめい》するのは初《はじ》めてです。

「子どもたちの体操服《たいそうふく》が、見えるかたちでエコにむすびつく。自然《しぜん》にエコを実践《じっせん》していけるやんか。むりして子どもたちに何かやらせるわけやないし、わたしらもむりして何かをせんでええ。よく考えられたこのプロジェクトに、賛成《さんせい》してのればええんやし。」

よし、おれ、保護者会《ほごしゃかい》に言うてみるわ。」

「わたし、校長先生に話してみるわ。」

数日後、岡部さんは、御所南《ごしょみなみ》小学校で、説明《せつめい》できることになりました。お父さんやお母さんが、時間や場所《ばしょ》を決《き》めてくれたのです。

校門の鍵《かぎ》があくとき、岡部さんは、とてもいい音を聞いた気がしました。お父さんやお母さんが、いっしょに扉《とびら》をおしてくれているようで、岡部さんは、元気に校長室をたずねました。

かいだんをのぼっていくと、ホールに鉾《ほこ》がありました。子どもたちが、作った鉾《ほこ》だと教頭先生が、説明《せつめい》してくれました。御所南《ごしょみなみ》小学校では、算数や国語や学校で学ぶことだけでなく、地域《ちいき》のことも、考え身につける子どもになってほしいと、いろいろ経験《けいけん》をつんでいるそうです。

捨てられ、ゴミになってしまう体操服は、30ℓのゴミ袋につめたとすると、何と972420個（日本全国の小中高生）。タテに積むと高さ約486.2Km。宇宙にまで届くすごい量です。

校長先生は、岡部さんの説明《せつめい》を、うなずきながら聞いてくれました。

「この取《と》り組みは、地域《ちいき》の人たちも参加《さんか》できますね。御所南《ごしょみなみ》小学校には、地域《ちいき》の人も参加《さんか》する会議《かいぎ》があります。そこでも、話してみます。」

岡部さんは、（つうじた。とうとうわかってもらえた）と、思いました。（うまくいく。この学校から、スタートや）、そう確信《かくしん》しました。

目を上げると、

「あっ、空や。」

岡部さんは、ドキドキしました。がっかりすることがおおくて、うなだれてばかりいたのでしょう。しばらく空を忘《わす》れていました。

秋の空は、目がちかちかするぐらいまぶしくて、あかるく青い空でした。

「きれいや。青い空は、やっぱりいいなあ。」

岡部さんは、しばらく空を見上げていました。

一週間が過《す》ぎました。連絡《れんらく》がきません。

一か月が過《す》ぎました。まだ、連絡《れんらく》がきません。

「あかんかったんやろか。」

心配《しんぱい》です。話を聞いてくれても、うまく行かなかった経験《けいけん》が、よみがえってきます。

「もしかしたら……。」

誤解《ごかい》したのかも知れません。校長先生は、「やります」とは、言いませんでした。

岡部さんがかってに、うまくいくと思いこんだのかもしれません。

岡部さんを、不安《ふあん》がおそいます。

（こんどもまた、あかんかったのかな……。）

（十一）森作りの森さん

期待《きたい》と不安《ふあん》がまぜこぜのまま、岡部さんは、新しい年をむかえました。

二〇〇九年一月です。岡部さんに、とつぜん電話がかかってきました。森づくりの森さんからでした。正式《せいしき》には、森孝之《もりたかゆき》さんです。

森さんは、ファッションをあつかう会社で活躍《かつやく》していた人です。が、森さんは、自分のやっていることは、人間のほんとうの幸《しあわ》せをもとめていないと考えて、仕事《しごと》をあっさりやめた経歴《けいれき》があります。

森さんの育《そだ》てた森は、はやい、やすい、てがる、べんりを最優先《さいゆうせん》する、今の時代《じだい》の価値観《かちかん》に疑問《ぎもん》をもつ人のあいだで、静《しず》かに話題《わだい》になっていました。森さんは、そんな人たちのリーダー的《てき》な人です。

森さんは、おだやかに言いました。

「岡部さん、ぼく、きみが写《うつ》したあの写真《しゃしん》を、ゆっくり見たいと思っているんです。」

岡部さんは、以前《いぜん》、ピンホールカメラが写《うつ》した「太陽」を、森さんに見てもらったことがあります。環境《かんきょう》について考える会議《かいぎ》に行く途中《とちゅう》でした。

そして、長い時間がたっての電話です。

「あの写真《しゃしん》に、興味《きょうみ》をおもちくださったのですね。ありがとうございます。ぼく、行かせてもらいます。写真《しゃしん》をもって、森さんの森へ。」

岡部さんも、一度ゆっくり、そんな森さんに会いたいと思っていたのです。

すぐに、額《がく》に入れた写真《しゃしん》をかついで、森さんの家へ行きました。北風が冷《つめ》たくて体は固《かた》くちぢこまりましたが、気持《きも》ちは春風にふかれているようで、軽《かる》くはずんでいました。

森さんの家は、小倉山《おぐらやま》のふもとにあります。現在《げんざい》、このあたりは、嵯峨野《さがの》とよばれて、京都観光《かんこう》の人気スポットです。

緑がおおく竹林があり、静《しず》かでしっとりしているところが、和《わ》の雰囲気《ふんいき》を感《かん》じさせるのでしょうか。足を運《はこ》ぶ人がたくさんいます。

森さんが、この村で暮《く》らそうと考え始《はじ》めたのは、まだ第二次世界大戦《だいにじせかいたいせん》が終《お》わっていないころでした。そのころの村には、常寂光寺《じょうじゃっこうじ》と落柿舎《らくししゃ》という庵《いおり》をふくめて、十六軒《けん》しかありませんでした。

戦後《せんご》、この村の若《わか》い人たちは、不便《ふべん》なこの村を見捨《みす》てるように、都会《とかい》を目指《めざ》して出ていって、年寄《としよ》りだけがのこりました。

森さんは、この村に、小さな家をたてました。見捨《みす》てられていく村で、未来《みらい》をみすえて暮《く》らそうと考えたからです。不便《ふべん》をあえて、えらんだことになります。

現在《げんざい》、森さんの家の入り口には、「アイトワ」と書かれた素朴《そぼく》な看板《かんばん》がかかげられています。アイトワというのは、「愛《あい》よ永久《えいきゅう》に」という意味《いみ》をこめてつけた名前だそうです。

「やあ、よく来ましたね。」

にこやかに岡部さんをむかえた森さんは、まず森へ案内《あんない》しました。庭《にわ》をぬけていきます。

「あのね、ぼく、手ぬきの名人なんよ。あの畑、トウモロコシ作って、コマツナ作って、サツマイモ作って、それで、こやしは一度だけ。そのこやしも、自分たちのウンコやオシッコを、腐《くさ》らせて使《つか》うんやで。ぼく、ケチとちがいますよ。

これ、木イチゴ。これ、すもも。それに、ほら、そのあたり、いっぱい花が咲《さ》いてるやろ。みな、実《み》をつける。」

戦後《せんご》すぐこの土地を開墾《かいこん》して、いよいよ家が建《た》てられるようになったとき、森さんは木を植《う》えました。栗《くり》の木五本、柿《かき》の木五本。十本の実《み》のなる木です。

それが、今、二百種《しゅ》千本の木が育《そだ》っています。森さんが植《う》えた木もありますが、ヤツデやアオキなど、小鳥がふやした木もあります。

「実《み》がなると、鳥が食べにくるやろ。ついでに、葉《は》っぱについてる虫をみつけて、ちょんと食べるのね。農薬《のうやく》なんかまかんでいいわけ。

うちの庭《にわ》には、くもがいる。カエルもモグラもいる。トカゲもな。アブラムシはテントウムシが食べる。ミミズは腐葉土《ふようど》を食べて、ウンコする。それが、ふかふかのいい土を作るんや。いろいろいるから、食べたり食べられたりするのね。命がつながるわけよ。

ぼく、いろんなものの性質《せいしつ》をよく知って、それを生かしとるんや。それって、手ぬきの免許《めんきょ》やで。この庭《にわ》、手ぬきの免許《めんきょ》を生かして、ぐるぐる周《まわ》りの庭にして、五十年近く作っとるやろ。手ぬき免許皆伝《めんきょかいでん》やわ。」

森さんが、にやっと笑《わら》いました。

「ぐるぐるまわりの庭《にわ》？」

「このごろは、はやりの言葉《ことば》では、循環型《じゅんかんがた》の庭《にわ》というのかな。」

「循環型《じゅんかんがた》？」

岡部さんも、よく耳にしていました。とくに環境問題《かんきょうもんだい》に関心《かんしん》がある人から、聴《き》きました。

「さいきん、やたらと、循環《じゅんかん》、循環《じゅんかん》言うとるなあ。」

森さんは、ちょっと照《て》れたように、顔をゆがめました。森さんは、当時の「はやり」に背《せ》を向《む》けて、そこから一番おくれた暮《く》らしを選《えら》びとり、マイペースで生活してきたのです。そうしたら、どうでしょう。いつのまにか、暮《く》らし方モデルの、先頭になっているようです。

くぬぎの木が枝《えだ》をはって、細い道は暗《くら》がりに入りました。こけがむしています。竹がならんで、通りのめかくしをしています。

坂《さか》をのぼり切ると、明るい森でした。まっすぐな木が、何本も空をつくようにのびていました。少しひらけたところが、ひだまりになっていました。こもれびが、ちらちらとゆれていています。

森さんは、切り株《かぶ》にこしをおろしました。かすかな風に、竹の葉《は》がここちよい音をたてます。嵯峨野《さがの》は、京都の観光《かんこう》スポットなのに、静《しず》かです。冬で観光《かんこう》にくる人がいないからでしょう。

森さんは、岡部さんの写真《しゃしん》を、長い時間、だまって見ていました。そして、森さんは、ぽつりと言いました。

「こういうことやね。」

納得《なっとく》した顔つきになっています。

「見てごらんよ。太陽の形。」

岡部さんは、森さんが何を言い出したのか、わかりませんでした。

「小さな子どもや未開《みかい》の人たちの太陽の絵は、○の周《まわ》りに花火のように線を描《えが》くやろ。ぼくらは、目がくらんで太陽の姿《すがた》をつかめないけれど、人類《じんるい》は、感覚《かんかく》でその姿《すがた》をつかんでいるんやなあ。」

感動《かんどう》をかくさず、森さんは、空をあおぎました。そして、たいせつな思い出を、語り始《はじ》めました。

「ぼくね、十九才のとき、忘《わす》れられない言葉《ことば》を聞いているんや。あの夜も、ぼくは、受験勉強《じゅけんべんきょう》していたんやけど、つかれて散歩《さんぽ》に出て、いつも行く野良小屋《のらごや》をたずねたんや。

そこには源《げん》ちゃんがおった。源ちゃんっていうのは、知的《ちてき》な発育《はついく》がゆっくりな子でな。

野良小屋《のらごや》は、農具《のうぐ》なんかしまっておく小屋《こや》やけど、ぼくがいつも行く小屋《こや》は、二、三人なら泊《と》まれるくらい大きい小屋《こや》やった。実《みの》りのときがきて、イノシシが、イモやコメを食いあらしにくるようになると、当番を決《き》めて、代《か》わりおおて小屋《こや》につめとったんや。イノシシをおいはらう当番やな。

おとといの夜、当番したはずの源ちゃんが、その夜もおるわけや。さては、だれかが当番するのがいやで、源ちゃんにやらせとったんやな、ぼくはそう思った。

その夜は、人類《じんるい》がはじめて、人工衛星《じんこうえいせい》のうちあげに成功《せいこう》したんで、ぼく、人工衛星《じんこうえいせい》スプートニクについて、知っていることをみな、源ちゃんに話してあげたんや。

源ちゃんは小屋《こや》を出て、空を見あげたんや。ぼくも、源ちゃんとならんで、空を見あげた。

源ちゃんが言ったんや。

『そうやって、石油《せきゆ》をぼんぼんぬいていたら、湯《ゆ》たんぽといっしょで、いつか地球《ちきゅう》はからっぽになるな』

源ちゃんは牛の力を借《か》りて農作業していたんやけど、ぼくが話すロケットの噴射《ふんしゃ》の話に、直感《ちょっかん》で感《かん》じとったモノがあったんやろね。

ぼくは、どきんとした。

『石油《せきゆ》をぼんぼんぬいていたら、いつか地球《ちきゅう》はからっぽになるな』

源ちゃんの言葉《ことば》が、耳のおくでこだましていたよ。

ぼくは、目をこすったわ。発見《はっけん》やった。おおげさでなく発見《はっけん》やったで。

源ちゃんの言ったことの意味《いみ》に、そのとき、気がついたんや。

ぼくの頭は、じーんとしびれとったわ。しびれる頭で考えたで。源ちゃんの言うとおり、使《つか》ってしまえばなくなる化石資源《かせきしげん》で、幸《しあわ》せな未来《みらい》を描《えが》けるやろかって。」

森さんは、静《しず》かに目をつむりました。森さんの心の奥《おく》で、今もものさしになっている出来事《できごと》を、思い出しているのです。しばらく何も言いません。

岡部さんは、森さんの唇《くちびる》が動くのを、じっと待《ま》ちました。

（十二）写真展《しゃしんてん》「ＳＵＮＱ」

しばらくだまっていた森さんが、口を開《ひら》きました。

「岡部さん、きみは今、地球環境《ちきゅうかんきょう》のことで、がんばっているらしいね。」

岡部さんは、子どもたちから託《たく》された願《ねが》いを、かいつまんで話しました。

「それで、そのプロジェクトは、うまく行っているのかね。」

「あっ、はい……。」

岡部さんの返事《へんじ》は、いきおいがありません。

「そうかね。いろいろあるからなあ。思うようにはいかないよ。」

「いえ、まだ、だめになったわけではないのです。」

「京都の町衆《まちしゅう》は、これぞと思ったら、損得《そんとく》ぬきでやるから、動《うご》き出すと強いで。」

森さんは、風のうわさで、岡部さんのことを知っているようです。

森さんは、改《あらた》めて岡部さんの写真《しゃしん》を見ました。そして、言いました。

「岡部さん、きみは、すてきなものにめぐりあったよ。

ぼくは、今、一人でも多くの人が、太陽に目を向《む》けないとあかんと思っとる。

太陽の光と熱《ねつ》、あれは、地球《ちきゅう》の生き物《もの》を生かす力や。太陽の恵《めぐ》みの中で、ものを作り、生きていく。化石燃料《かせきねんりょう》にたよらない暮《く》らしを考えて、太陽にたよる暮《く》らしをすることができたら、日本の未来《みらい》も、地球の将来《ちきゅうしょうらい》も、希望《きぼう》が持《も》てるのではないかな。」

岡部さんは、森さんの言っていることが、すべてわかったわけではありません。

これまで、岡部さんは、ずっと二酸化炭素《にさんかたんそ》のことを考えてきました。石油資源《せきゆしげん》から作られるモノについても、考えてきました。

それに、テレビでは、「原子力《げんしりょく》は、二酸化炭素《にさんかたんそ》を出さないクリーンなエネルギーです」と、さかんに宣伝《せんでん》しています。有名《ゆうめい》な俳優《はいゆう》や女優《じょゆう》も、楽で、きれいで、快適《かいてき》な暮《く》らしが、原子力《げんしりょく》を使《つか》えば、地球《ちきゅう》の温暖化《おんだんか》をさけつつ、続《つづ》けられると言います。

それで、家で使《つか》う熱《ねつ》エネルギーは、オール電化《でんか》が良《よ》い、と考える人が多くなっているように感《かん》じます。経済力《けいざいりょく》がある、意識《いしき》がすすんでいる、そういうプライドも手伝《てつだ》って、「うちは、オール電化《でんか》です」とか、「オール電化《でんか》にしようと思っています」という声を、耳にするようになっています。

「原子力発電《げんしりょくはつでん》は、これからのエネルギー源《げん》と、考える人が増《ふ》えていませんか。」

「いるやろね。」

「森さんは、どう考えますか。」

「ウランも地下資源《ちかしげん》なんや。それに、電気を作った後には、高いレベルの放射能《ほうしゃのう》を持《も》った廃棄物《はいきぶつ》を出してしまう。原発《げんぱつ》のゴミや。そのゴミを、今は、どう処理《しょり》していいかわからない。」

「これからの発電所《はつでんしょ》と宣伝《せんでん》している原発《げんぱつ》は、処分《しょぶん》にこまるゴミを出しているんですね。」

「そのゴミを、子どもたちにのこしていくことになる。」

「迷惑《めいわく》やなあ、子どもたち。」

「それで、ぼくは、太陽を大切にする暮《く》らしを、やり始《はじ》めているんや。」

そこで言葉《ことば》を切って、森さんは、岡部さんをまっすぐ見ました。

「岡部さん、きみは、自覚《じかく》していないけど、太陽を発見《はっけん》したんやで。」

「発見《はっけん》?」

「ぼくが、源ちゃんの言葉《ことば》から、人間のやっていることに気がついたように、岡部さんは、ピンホールカメラから、太陽を発見《はっけん》したんや。」

「はあ?」

わかったようなわからないような……、すっきりしない気持《きも》ちのまま、岡部さんは、森さんの言葉《ことば》に耳をかたむけました。

「二十一世紀《せいき》を生きているぼくら人間は、エネルギーのことを考えなあかん。ぼくらは、ピンチを目の前にしてるんや。

ふつうの家では、収入《しゅうにゅう》の中で、暮《く》らしていく。支出《ししゅつ》が収入《しゅうにゅう》より多かったら、家は、破産《はさん》する。それは、だれかてわかることや。

ところが、地球《ちきゅう》のことになると、わからんようになるんや。地球《ちきゅう》かて、同じやのに……。

化石資源《かせきしげん》は、言ってみれば、定期貯金《ていきちょきん》のようなものや。植物《しょくぶつ》が、億《おく》の単位《たんい》の年月をかけて、太古《たいこ》の昔《むかし》の太陽の恵《めぐ》みを、貯《た》めたものなんや。

それは、植物《しょくぶつ》が、大気中《たいきちゅう》の炭酸《たんさん》ガスをとじこめて、化石資源《かせきしげん》になっているということやで。それを、燃《も》やすから、炭酸《たんさん》ガスが出て、地球温暖化《ちきゅうおんだんか》の問題《もんだい》がおこっているわけや。

人工衛星《じんこうえいせい》スプートニクが打《う》ち上げられたのが、一九五七年、それから、十六年後の一九七三年にオイルショックや。岡部さんは、オイルショックを知っているかね。」

とつぜん話をふられて、岡部さんは、目をしばたいています。

「ぼくは、一九七九年生まれです。」

「じゃあ、あのさわぎは知らないんやな。日本中がパニックやったなあ。家をまもる人たちは、毎日買い出しで、戦争中《せんそうちゅう》みたいやったわ。」

岡部さんのお母さんやおばあちゃんは、オイルショックを経験《けいけん》しています。岡部さんの家では、ときどき、そのことが話題《わだい》になり、お母さんやおばあちゃんは、興奮気《こうふんぎ》味《み》に話し出します。あの体験《たいけん》は、ふつうの出来事《できごと》ではないのです。

「冬なのに、石油《せきゆ》ストーブに入れる灯油《とうゆ》が手に入らなくて、こまったたって言うとりました。それから、かならずトイレットペーパーの話になります。押《お》すな押《お》すなで、長い時間行列《ぎょうれつ》して六個買えたらええほうやったって。ストッキングもなくなったそうですね。石油《せきゆ》に関係《かんけい》ないと思うけど、小麦粉《こむぎこ》を買いこんだ人がおったと言うてました。」

オイルショックというのは、第四次中東戦争《だいよんじちゅうとうせんそう》のとき、産油国《さんゆこく》のアラブ諸国《しょこく》が、イスラエルを支持《しじ》したアメリカやオランダなどの国々に対抗《たいこう》するため、原油《げんゆ》の生産《せいさん》を減《へ》らしたうえ、価格《かかく》をつりあげたので、世界経済《せかいけいざい》が大打撃《だいだげき》をうけた出来事《できごと》です。

日本は、輸入《ゆにゅう》しなければ、石油《せきゆ》がありません。だから、家庭《かてい》まで混乱《こんらん》したのです。

森さんは、話をもとにもどします。

「あのとき、ぼく、石油《せきゆ》のことを、しんけんに考えた。資源《しげん》やエネルギーのことを。それで、気がついたのは、今、プラスと考えている価値観《かちかん》を、見直さないとあかんということとやった。「てがる」、「べんり」、「やすい」、「はやい」、これを、良《よ》いことと考えていると、資源《しげん》のうばいあいをすることになるんや。

どんどん作って、どんどん捨《す》てていると、いくら『京都議定書《きょうとぎていしょ》』を作ったかて、人類滅亡《じんるいめつぼう》のときに向《む》かって、まっしぐらに進《すす》んでいくことになると、ぼくは思うんやで。」

森さんは切り株《かぶ》から腰《こし》をあげると、空を見あげました。木々の間から、冬晴れの青い空がのぞいています。太陽は、ほどよくやわらかく、きらきら輝《かがや》いていました。

「岡部さんに、提案《ていあん》があるんやけど……。今年の夏、日食《にっしょく》があるやろ。そのとき、岡部さんの写真展《しゃしんてん》を、この庭《にわ》でやってみるのはどうかな。」

「写真展《しゃしんてん》？」

「そう、太陽の写真展《しゃしんてん》。きみは、何枚《まい》、太陽の写真《しゃしん》を持《も》っているのかね。」

「ざっと、三十枚《まい》はあります。」

「その中のお気に入りの写真《しゃしん》を、九枚《まい》かざるんだよ。」

「九枚《まい》？」

中途半端《ちゅうとはんぱ》な数字です。岡部さんが首をかしげると、森さんが言いました。

「きみは、ピンホールカメラで、太陽を写《うつ》すとき、一秒かかるといったね。九秒分の太陽の光は、われわれ人類《じんるい》が一日に使《つか》う総《そう》エネルギーに、当たるそうやで。」

「へーえ、そうなんですか。九枚《まい》の写真展《しゃしんてん》、ぜひやらせてください。」

岡部さんは、深《ふか》く頭をさげました。

岡部さんは、心にのこる写真展《しゃしんてん》の計画《けいかく》をねりました。「太陽は、すてきだ。それに、ありがたい」、それを感《かん》じてほしいと思いました。

「そうだ。この写真展《しゃしんてん》のなまえを、『ＳＵＮＱ《サンキュウ》』にしよう。」

頭の中で、「ＳＵＮＱ」が、ピカッと光りました。ＳＵＮは、英語で太陽のことです。Ｑに、クエスチョンの意味《いみ》や、スタートの意味《いみ》をこめました。映画監督《えいがかんとく》が、フィルムをとりはじめるときのかけ声、「キュウ」です。

森さんに電話すると、

「『ＳＵＮＱ』か。いいねえ。案内《あんない》のチラシ、作るんやろ。」

「はい。太陽の写真《しゃしん》をのせたいと思っています。」

「写真《しゃしん》のとなりに、ぼく、短《みじか》い文を書くよ。」

森さんの声が、楽しそうです。

いくにちかして、森さんから手紙が届《とど》きました。その中に、森さんの詩《し》のようなメッセージが入っていました。

ピンホールカメラが捉《とら》えた太陽。

太陽の光を、ピンホールを通して、フィルムが直接《ちょくせつ》受《う》け止めました。

その間、一秒。九点で九秒。

その光とフィルムの間に、人工物《じんこうぶつ》はいっさい介在《かいざい》していません。
太陽の恵《めぐ》みは、地球《ちきゅう》にとっての唯一《ゆいいつ》のインプット。
すべての生き物の生命《せいめい》の源《みなもと》。
地球《ちきゅう》に降《ふ》り注《そそ》ぐその光は、九秒分で、人類《じんるい》が一日に使う総《そう》エネルギー相当《そうとう》とか。
地球《ちきゅう》にある砂漠《さばく》の、わずか五％を、
今ある太陽光発電気《はつでんき》でおおえば、人類《じんるい》が使《つか》う総《そう》エネルギーをまかなえる。
なのに私たちは、化石資源《かせきしげん》、水力《すいりょく》、原子力《げんしりょく》などに依存《いぞん》し続《つづ》けている。

水力《すいりょく》を得《え》るダムは、河川《かせん》の生態系《せいたいけい》を壊《こわ》す。

化石資源《かせきしげん》の大量《たいりょう》使用《しよう》が、地球《ちきゅう》温暖化《おんだんか》や大気汚染《たいきおせん》などの原因《げんいん》らしい。

ウラニュームも有限《ゆうげん》だし、その利用《りよう》は、未来世代《みらいせだい》に負担《ふたん》を強《し》いる。

ピンホールカメラは、太陽の光しか活《い》かせないけれど、

手作りのピンホールカメラをのぞいていると、

やがて人類《じんるい》は、太陽の恵《めぐ》みのすべてを、巧《たく》みに生かすにちがいない、と思えてくる。

太陽の恵《めぐ》みはクリーンそうだし、無限《むげん》だ。
「すべての生命《せいめい》の源《みなもと》」

言葉《ことば》が、光っています。

岡部さんのチラシには、こう書いてあります。

七月二十一日十一時、太陽と月が重なる瞬間《しゅんかん》、写真展《しゃしんてん》「ＳＵＮＱ」が始《はじ》まります。
太陽の恵《めぐ》みがつまった庭《にわ》で、『太陽』をみつめてください。

アイトワの庭《にわ》に、九枚《まい》の写真《しゃしん》が飾られます。

（十三）皆既日食《かいきにっしょく》の日に

二〇〇九年七月二十二日、日本中が、朝からさわいでいます。この日、日本で皆既《かいき》日食《にっしょく》が見られるのです。

このまえ日本で皆既《かいき》日食《にっしょく》が見られたのは、一九六三年七月二十一日でしたから、四十六年ぶりです。あのときは北海道で見られたのですが、こんどは屋久島《やくしま》や奄美大島《あまみおおしま》などをふくむトカラ列島《れっとう》です。

このつぎ、日本で皆既《かいき》日食《にっしょく》が見られるのは、二〇三五年九月二日、北陸や関東で見ることができるはずです。でも、それは、二十六年後のことになります。

皆既日食《かいきにっしょく》は、トカラ列島《れっとう》などの島へ行かないと見られませんが、部分日食《ぶぶんにっしょく》なら日本中で見られます。九州なら、八十％が欠《か》けた太陽を見られます。京都、大阪は、七、八十％、東京は、六十％、北海道は、四十％くらい欠《か》けた太陽を見ることができるのです。

「晴れたらいいなあ。晴れてくれ。」

いつもの年なら、この日あたりは梅雨《つゆ》があけて、夏の太陽が照《て》りつけているはずです。ところが、二〇〇九年は、お天気のぐあいがおかしい。はっきりしません。

その日、京都は、くもっていました。でも、岡部さんは、日食観測《にっしょくかんそく》めがねをじゅんびしました。日食というとくべつな日に、森さんとの対談《たいだん》を計画《けいかく》したのです。

十時をまわって、雲の切れまに、太陽が顔を出すようになりました。あんパンをかじったときのように、右上が欠《か》けています。

「見えにくいわあ。もう少し、雲がとれたらいいのに。」

「あれっ、雨がふってきた。あかん。ぬれるわ。中に入ろ。」

がまんができなくなって、ほとんどの人が、家の中に入ってしまいました。岡部さん一人が、空を見あげています。

十時半をすぎたころでした。岡部さんが、大きな声をあげました。

「あっ、雲が切れます。」

みんなは、おおいそぎで日食観測《にっしょくかんそく》めがねを、目に近づけて太陽を見ました。

「わあっ、あんなに欠《か》けとるで。」

ながれる雲と欠《か》けた太陽。太陽は、もう三分の二ほど欠《か》けています。

「雲のおかげで、太陽がぎらぎらしてへんよ。めがねなしで見ても、だいじょうぶなんとちがう。」

日食観測《にっしょくかんそく》めがねを、はずして太陽を見る人が何人もいます。

「あれっ、こんなところに欠《か》けた太陽が……。」

その人が指さす足下を、みんなが見ました。

「なんやこれ。空の太陽と同じ形や。」

「ちっこい太陽が、こんなにいっぱい……。不思議《ふしぎ》やなあ。」

「これって、日食《にっしょく》のときしか見えへんのとちがう。」

みんなは興奮《こうふん》して、わいわいさわいでいます。

十一時近くになると、右上から欠《か》けだした太陽は、左のはしでおぎょうぎよく立った三日月みたいになりました。

「夜がくるみたいや。昼間なのに、こんなに暗《くら》くなると、気持《きも》ちわるいな。」

「わたし、まえに、岡山県の水島《みずしま》に旅行《りょこう》したことがあるんよ。そしたら、日食《にっしょく》を記念《きねん》する碑《ひ》がたってたの。西暦《せいれき》一一八三年十一月十七日、源氏軍《げんじぐん》と平家軍《へいけぐん》がたたかっていたんやね。そのさいちゅうに、日食《にっしょく》がおこったわけや。

そのときは、金環食《きんかんしょく》で、太陽は金の指輪《ゆびわ》みたいに見えたらしいけど、木曽義仲《きそよしなか》ひきいる源氏軍《げんじぐん》は、あわてるわ、おびえるわ、戦《たたか》っていることなど忘《わす》れて、にげまどっ

て、平家《へいけ》に負けたんやて。平家軍《へいけぐん》は、その日、日食《にっしょく》があることを知っとったらしい。」

森さんの中庭《なかにわ》は、もうすぐ夜がきそうです。

「中国では、日食《にっしょく》の予報《よほう》を出せなくて、首をはねられた天文学者《てんもんがくしゃ》がおるって、読んだことあるわ。四千年もまえのことらしいけど。」

「そんな昔《むかし》から、日食《にっしょく》ってあるんや。」

「地球《ちきゅう》と月と太陽は、人間の生まれていないずーっと昔《むかし》から、あったんやで。四千年なんて、地球《ちきゅう》と月と太陽にしてみたら、二、三秒まえのことくらい、さいきんのこととちがうの。」

「そのころ、日食《にっしょく》は、竜《りゅう》が太陽を食べると考えられていたらしいわよ。だから、日《にっ》食《しょく》がおこると、竜《りゅう》をおいはらうため、兵隊《へいたい》を集《あつ》めて、空に矢をいったり、たいこをうちならしたりしたらしいわ。」

めったにない皆既日食《かいきにっしょく》なので、インターネットで調《しら》べた人もいるようです。

「日本にも、命にかかわったエピソードあるわ。推古天皇《すいこてんのう》なんやけどね。日本ではじめて女で天皇《てんのう》になった人。日食《にっしょく》のおこる四日前に、病気《びょうき》になったんや。重《おも》い病気《びょうき》だったんやろけど、西暦《せいれき》六二八年四月一〇日の皆既日食《かいきにっしょく》を見て、そのままよくなれなかったそうよ。生きる気力が、なくなってしもたんやろね。」

「太陽って、わけはわからんけど、元気でるよね。」

「太陽がのうなったら、どうなるんやろ。世の中まっ暗《くら》。」

集《あつ》まっていた人はみな、ほそくなった太陽を見あげたまま、動《うご》こうとしません。

「えーっと、いま、太陽がいちばん欠《か》けて見えています。」

時計を注意深《ちゅういぶか》く見ていた岡部さんが、言いました。時計は、十一時六分をさそうとしています。太陽は八十％欠《か》けました。

まっすぐ立っていた太陽は、上の方へかたむきました。それから四十分後、太陽は、ベレー帽《ぼう》のようになり、それから四十五分後には、まあるい太陽にもどりました。


まもなく、対談《たいだん》が始《はじ》まりました。

少し前置《まえお》きをしてから、岡部さんが言いました。

「日食《にっしょく》の日に、写真展《しゃしんてん》『ＳＵＮＱ』を、ぼくはなぜ開いたか……」

集《あつ》まった人の中から、声がとびます。

「クリーンエネルギーのことを、考えたかったんやろ。」

どうやら森さんのファンのようです。森さんは、さいきん、雑誌《ざっし》などに紹介《しょうかい》されます。森さんの昔風《むかしふう》の暮《く》らしを、おしゃれと言う人がいます。緑につつまれた暮《く》らしに、あこがれる人もいます。自然《しぜん》のものをたいせつにする暮《く》らしが、今風《いまふう》でかっこいいと言う人もいます。森さんのファンは、森さんの考えることを、だいじにしている人が多いようです。

手があがりました。「どうぞ」と言われて、その人は発言《はつげん》しました。

「太陽光発電《たいようこうはつでん》は、クリーンエネルギーだと聞いています。ですが、これ、すごーく高くつきませんか。」

森さんがこたえます。

「化石燃料《かせきねんりょう》にたよる暮《く》らしが、長続《ながつづ》きしないと気がついた国は、クリーンエネルギーの開発《かいはつ》をおしすすめています。日本は太陽光、ドイツは風力の研究《けんきゅう》で、世界《せかい》をリードしています。

ほかに、波力《はりょく》、地熱《ちねつ》、バイオマスなど、自然《しぜん》のエネルギーがあります。燃《も》やしても水しか出ない水素《すいそ》で、エネルギーを作る研究《けんきゅう》もすすんでいます。あなたのいうとおり、お金が問題《もんだい》なのです。化石燃料《かせきねんりょう》を使《つか》うほうが、てがるだし、やすい。でも、それがいいとえらんでいると、自分の首をじわじわしめることになりませんか。」

質問《しつもん》した人がすわると、岡部さんが、ゆっくりたちあがりました。

「きょう、ぼくたちは、太陽に注目《ちゅうもく》しました。ぼくは、空をながめる時間が好《す》きです。だって、青空を見上げるだけで、気持《きも》ちがいいんですから。」

森さんが、にっこり笑《わら》って、岡部さんを見上げました。

「わたしのつれあいがそこにいますが、彼女《かのじょ》は捨《す》てるものが少ないこの暮《く》らしを、気《き》持《も》ちがいいと感《かん》じているようです。」

小夜子さんが、小さく頭をさげました。小夜子さんは、森さんのいいパートナーです。森さんの庭《にわ》作りは、小夜子さんと、気持《きも》ちも力も合わせて営《いとな》まれています。

「太陽光発電《たいようこうはつでん》をやり始《はじ》めたのは、関西《かんさい》では、わたしたちが一番はじめでした。電気代《でんきだい》がやすくなったかというと、やすくなりませんでした。当時、機械《きかい》をつけるのに、とてもたくさんお金がかかったのです。取材《しゅざい》にきた記者《きしゃ》たちは、合点《がてん》がいかなくて、どうしてそんなものをつけたのかと、うるさいほどたずねました。

わたしは、こう答えました。『わが家では、車は軽四輪《けいよんりん》、かっている犬は、捨《す》て犬センターでもらってきた雑種《ざっしゅ》です。妻《つま》は毛皮《けがわ》のコートなど持《も》っていませんが、太陽光発電機《はつでんき》は、高くてもほしかった。それが、わが家流のぜいたくです。』と。」

岡部さんは、たのもしそうに森さんを見ました。

森さんは、何もかもぐるぐるまわりの庭《にわ》で、まかなおうというのではありません。長続《ながつづ》きする暮《く》らしのために、必要《ひつよう》な工業製品《こうぎょうせいひん》は使《つか》います。

岡部さんは、森さんに教えられたと思っています。いろいろな生き物《もの》と共《とも》に、人間の歴史《れきし》も続《つづ》くためには、定期預金《ていきよきん》を取りくずす暮《く》らしでは、だめなんだと。

「ちょっと高めでも」「てまがかかっても」、捨《す》てずに生かす工夫《くふう》をする暮《く》らしを、作らないといけないのだと。

「みなさん、きょうは、アイトワの庭《にわ》で、どうぞゆっくりしていってください。森の中に、畑の中に、岡部さんの写真《しゃしん》が飾《かざ》られています。九枚《まい》あります。わけあっての九枚《まい》ですから、どうぞすべて見てください。思いもよらないところにもありますから、見落《みお》とさないように。」

みんなが庭《にわ》に散《ち》っていきます。岡部さんの写真《しゃしん》は、アイトワの庭《にわ》のあちこちに、宝《たから》探《さが》しの宝《たから》のように、ひっそり、でも、ぴかっと光って飾《かざ》られています。

（十四）つながる　広がる

岡部さんは、元気でした。

御所南小学校《ごしょみなみしょうがっこう》から、良《よ》い知らせが届《とど》いたのです。しばらく連絡《れんらく》がこなかったので、心配《しんぱい》していましたが、岡部さんが『ＳＵＮＱ』展《てん》で忙《いそが》しくしている間も、先生も地域《ちいき》の人も、保護者《ほごしゃ》も、「よみがえる体操服《たいそうふく》」のことを、検討《けんとう》しつづけていたのです。

岡部さんは、晴れた空をあおいだ気分でした。

何日かのち、岡部さんは京都文化博物館に来ていました。京都の制服《せいふく》の歴史《れきし》をふりかえる展示会《てんじかい》が開催《かいさい》されています。岡部さんは、『体操服《たいそうふく》！　いってらっしゃい、おかえりなさい』の宣伝《せんでん》をしているのです。ここには、教育関係《きょういくかんけい》の人が、足を運《はこ》ばれているようです。

「岡部さん、おひさしぶり。」

声をかけられてふりむくと、京都御池《おいけ》中学校の校長先生でした。御所南《ごしょみなみ》小学校の子どもたちは、小学校を卒業《そつぎょう》し七年生になると、この中学に通います。京都では、小中一貫《いっかん》の教育《きょういく》に取り組んでいるので、中学一年生は七年生になるのです。

「アイトワの『SUNQ』展《てん》、見せてもらいましたよ。」

写真展《しゃしんてん》から、四か月が、すぎています。

「先生も、日食《にっしょく》、見られましたか。」

「ええ、クラブの子どもたちが、見ていましたから。いっしょにね。」

「先生の学校には、太陽光発電機《たいようこうはつでんき》があるとか……。御池中《おいけ》は、環境教育《かんきょうきょういく》のとりくみに、熱心《ねっしん》なのですね。」

「大々的にやっているのではないですよ。太陽光発電機《たいようこうはつでんき》は、地域《ちいき》の方々の協力《きょうりょく》で設置《せっち》されています。まだ、教育機材《きょういくきざい》のような感《かん》じです。」

「先生、アイトワの森さんの太陽光発電機《たいようこうはつでんき》、見てこられましたか？」

「時間不足《ぶそく》で、見たのは、岡部さんの写真《しゃしん》だけ。」

校長先生は、忙《いそが》しい時間をやりくりして、『ＳＵＮＱ』展《てん》を見てくれたのです。岡部さんは、深《ふか》く頭を下げてから、言いました。

「森さんの太陽光発電機《たいようこうはつでんき》は、関西《かんさい》で初《はじ》めてのものなんだそうですよ。ぼく、生徒《せいと》さんが、森さんの話をきいたら、いいんじゃないかと思ってます。」

「京都御池《おいけ》中学校は、環境学習《かんきょうがくしゅう》だけに力を入れているわけではないですが、地域《ちいき》の人や保護者《ほごしゃ》の方の関《かか》わりもあって、自然《しぜん》に環境《かんきょう》に関心《かんしん》を持《も》つ生徒《せいと》がいるのです。

少し前のことですが、科学クラブの生徒《せいと》たちが、堀川《ほりかわ》で水力発電《すいりょくはつでん》をしまして、話《わ》題《だい》になっていました。」

「堀川《ほりかわ》、変《か》わりましたね。」

「ええ、水がもどって、市民が楽しめる場所《ばしょ》になりました。」

堀川《ほりかわ》は、平安京《へいあんきょう》を作るとき、自然《しぜん》に流《なが》れていた川を改修《かいしゅう》して、運河《うんが》にしました。貴《き》族《ぞく》の庭園《ていえん》に水を引くために使《つか》われたり、のちには農業《のうぎょう》用水や友禅染《ゆうぜんぞめ》などにも、使《つか》われていました。

けれど、第二次世界大戦後《だいにじせかいたいせんご》、下水整備《げすいせいび》が行われて、水が流《なが》れなくなったり、下流《かりゅう》で洪水《こうずい》が起《お》こったりしたので、水路《すいろ》に雑草《ざっそう》が生えないように、川底《かわぞこ》をコンクリートで固《かた》め、流《なが》れの一部をおおいました。

その川に、水をもどす事業《じぎょう》が行われて、遊歩道《ゆうほどう》やベンチが作られ、市民の憩《いこ》いの場になったのです。七年間かけて行われた事業《じぎょう》は、二〇〇九年に完成《かんせい》しました。

そのお祝《いわ》いの祭《まつ》りに、御池《おいけ》中学の生徒《せいと》が、自主的《じしゅてき》に参加《さんか》しました。堀川《ほりかわ》の流《なが》れを利《り》用《よう》して、水力発電《すいりょくはつでん》をして見せたのです。大きな水車ではありません。でも、水車は回って電気がつきました。発光《はっこう》ダイオードを使《つか》った電灯《でんとう》です。青白い光が水辺《みずべ》に映《は》えて、散歩《さんぽ》する人たちの目を引きました。

「学校が計画《けいかく》したのではなく、祭《まつ》りの実行委員会《じっこういいんかい》のよびかけに、生徒《せいと》たちが応《こた》えたのです。」

「中学生ともなると、自分で考えて行動《こうどう》するのですね。」

岡部さんが感心《かんしん》すると、校長先生は、自慢《じまん》げに言いました。

「中学の三年間は、目をみはるように成長《せいちょう》しますよ。京都はよい水がありますから、たいていの子どもは小学生のとき、水をテーマにして環境《かんきょう》を学んだ経験《けいけん》を持《も》っています。

たとえば、雨を考えます。雨は、天然《てんねん》の蒸留《じょうりゅう》水《すい》で、水のない国では、大きなカメに貯《た》めて、飲《の》み水にしていますけど、今のわたしたちの暮《く》らしでは、下水道を通って海に流《なが》れてしまう。もし、雨水をうまく貯《た》められたら、電気《でんき》できれいにした水を使《つか》わなくても、トイレに流《なが》す水くらい準備《じゅんび》できるかも知れない。こんなことを具体的《ぐたいてき》に考えながら、自分たちの暮《く》らしぶりを見直したりします。」

「なるほど……。すごいなあ。」

岡部さんは、深《ふか》くうなずきました。

深呼吸《しんこきゅう》を一つして、岡部さんは、たいせつな報告《ほうこく》をしました。

「御所南《ごしょみなみ》小学校で、新一年生から、よみがえる体操服《たいそうふく》を使《つか》い始《はじ》めるようです。」

「聞いています。いよいよですね。」

校長先生自身《じしん》は、にっこりしました。校長先生は、『体操服《たいそうふく》！　いってらっしゃい、おかえりなさい』プロジェクトのとりくみに賛成《さんせい》でした。でも、学校のことですから、できるだけ大勢《おおぜい》の人で、一歩を踏《ふ》み出す決意《けつい》ができた方が、あとあとうまく行くことを知っています。

「中学生は、部活《ぶかつ》をがんばるから、ユニホームとかジャージとか、捨《す》てるのは悲《かな》しいでしょうね。夏休み中の練習《れんしゅう》、朝練《あされん》、休まずがんばって、公式戦《こうしきせん》のユニホームをもらった子の感激《かんげき》したようすを見たことがあるし、運動会《うんどうかい》のときなど、応援団《おうえんだん》のもりあがりも半端《はんぱ》じゃない。

あのとき着《き》ているジャージは、あの子たちのあせと涙《なみだ》をたっぷりすってることやし。と、なれば、ゴミにするのはねえ……。」

ふーっと遠くを見る目になった校長先生は、あせで光る子どもの顔を、思い出しているようです。

京都御池《おいけ》中学校でも、決断《けつだん》のときがきているようです。

京都御池《おいけ》中学校がとりくめば、『体操服《たいそうふく》！　いってらっしゃい、おかえりなさい』プロジェクトのイメージが、子どもたちにも描《えが》きやすくなります。そして、それは、子どもたちがいなければできないエコ活動《かつどう》が、ぐるぐると回り出すことを意味《いみ》します。

永遠《えいえん》に死《し》なない体操服《たいそうふく》が、義務教育《ぎむきょういく》の九年間で、循環《じゅんかん》することになるのです。

（御池中《おいけ》も、始《はじ》まるといいなあ……。）

岡部さんが思ったとき、校長先生が言いました。

「ああ、それから、京都御池《おいけ》中学校へくる子どもたちは、御所南《ごしょみなみ》小だけとちがいますよ。高倉《たかくら》小学校の子もやってきて、いっしょに勉強《べんきょう》することになります。わたし、高倉《たかくら》小学校に話してみますね。」

校長先生は、行動《こうどう》の早い人です。何日もしないうちに話がつながるはずです。

(ありがたいなあ……)

太陽の写真《しゃしん》をとって以来《いらい》、岡部さんは、環境《かんきょう》を考える人に、つぎつぎに紹介《しょうかい》されて、たくさんの人と知り合いになりました。また一人、たよりにする人と、知り合いになれそうです。京都御池《おいけ》中学校の校長先生と立ち話をしている間にも、岡部さんは、何人かの人と会釈《えしゃく》を交《か》わしました。

何日かして、岡部さんは、高倉《たかくら》小学校へ説明《せつめい》に行きました。そして、びっくりしました。思いがけない人に、会ったのです。

「校長先生は、ＣＯＰ３の会議《かいぎ》が開かれたとき、エコマンと二酸化炭素《にさんかたんそ》マンの劇《げき》をやった、あの学校の先生でいらしたんですか。

ぼく、「子どもサミット」のとりくみに、感激《かんげき》していたんですよ。地域《ちいき》の人もいっしょに、熱心《ねっしん》に活動《かつどう》していました。気持《きも》ちがつうじるというか……。京都は広いけど、せまいんですね。」

岡部さんが興奮《こうふん》していると、校長先生にたしなめられました。

「京都の子どもたちは、どの子も、今、環境学習《かんきょうがくしゅう》にとりくんでいます。一年生から九年生まで、気象《きしょう》のことや未来《みらい》の地球《ちきゅう》のことを、学んだり考えたりしていますよ。とりくみかたに、ちがいはありますけれど……。」

二酸化炭素《にさんかたんそ》を減《へ》らす世界《せかい》のやくそく、「京都議定書《きょうとぎていしょ》」ができた京都だから、どの学校でも、環境《かんきょう》へのとりくみは、力が入っています。高倉《たかくら》小学校でも、よみがえる体操《たいそう》服《ふく》は、地域《ちいき》の人もいっしょに話し合われることでしょう。

それから、何日かして、岡部さんは、ベンキョウ会に誘《さそ》われました。（何を勉強《べんきょう》するのかな）と思っていると、市内の学校の便所《べんじょ》を掃除《そうじ》するのだと教えられました。もちろんボランティアです。

『きたないところを、きれいにする。他人のいやがることを、ひきうけてみる。』

便《べん》きょう会に参加《さんか》する人たちは、そこに重点《じゅうてん》をおいて、活動《かつどう》しているようです。

この人たちは、だれにたのまれたわけでもないそうです。校長先生のような年輩《ねんぱい》の人もいますが、大学生のような若者《わかもの》もいます。

続《つづ》けて参加《さんか》しているうちに、岡部さんは、京都市長に紹介《しょうかい》されました。

門川《かどかわ》市長は、教育長をしているとき、「便《べん》きょう会」をたちあげて、ずっと続《つづ》けているとのことでした。岡部さんを紹介《しょうかい》されると、市長はバケツを片手《かたて》にもったまま、めがねのおくで目をほそめました。

「子どもたちのために、ありがとな。」

市長は、かまえのない親《した》しみやすい人でした。何度か出会ううち、門川市長という人がわかってきました。

「『過去《かこ》と相手は変《か》えられないが、未来《みらい》と自分は変《か》えられる』、そう信《しん》じてがんばっとるんや。だれでもできることを、だれでもできないほど続《つづ》けることが、だいじと、ぼくは思うとる。」

この言葉《ことば》は、岡部さんの心に強くのこりました。岡部さんは、ときどき心の中で、つぶやきます。

「だれでもできることを、だれでもできないくらい続《つづ》けることが、だいじなんや。」

門川市長は、京都で開《ひら》かれたCOP3の会議《かいぎ》をわすれず、京都市のこれからを考えていることもわかりました。これからの京都を、地球環境《ちきゅうかんきょう》を考え続《つづ》ける街《まち》になるよう、市民のみんなと作ろうとしているのです。

「パリと姉妹都市《しまいとし》になって五十年のとき、まねかれてパリに行ったんや。パリは、自転車がよう似《に》あっとった。京都も自動車《じどうしゃ》にたよらんと、ああなったらええのに……と思って、『貸《か》し自転車システム』を学んできたんや。」

「着物《きもの》で自転車に乗《の》ったんですよね。」

「着物《きもの》は、ぼくの仕事着《しごとぎ》や。便《べん》きょう会のときは、働《はたら》くとき着《き》る着物《きもの》、サムエを着《き》るんやけど、市役所《しやくしょ》にいるときは、いつも着物《きもの》。着物《きもの》はエコな衣料《いりょう》やで。ようけ着《き》てすりへったら、じょうぶなところと入れかえて、ぬいなおせば、またちゃんと着《き》られる。少しぐらい肥《ふと》っても、やせても、調節《ちょうせつ》できるしな。使《つか》いよいで。」

「目立ちませんか。」

「京都らしゅうて、ええでしょう。ぼくなあ、京都は、歩きやすい街《まち》にしたいんや。」

着物《きもの》を着《き》た門川市長が、パリ市内を自転車ではしる姿《すがた》が、フランスの新聞にのりました。

「ドイツのメルケル首相が、京都にこられて、『DO　YOU　KYOTO?』という言葉《ことば》を、環境《かんきょう》にいいことしてますか、と言う意味《いみ》で使《つか》われて、ぐっと胸《むね》にきたなあ。各国《かっこく》の市長が集《あつ》まったとき、京都議定書《きょうとぎていしょ》を実行《じっこう》していきましょうと、約束《やくそく》したことがあったんや。ぼくは、理屈《りくつ》をこねるまえに、まず、やることがたいせつやと思っているから、KYOTOが、「環境《かんきょう》にいいことをする」という動詞《どうし》で使《つか》われたことが、うれしかった。同時に責任《せきにん》も感《かん》じとるで。」

岡部さんは、便《べん》きょう会の活動《かつどう》に加《くわ》わったとき、

「京都の子どもたちのために、ありがとな」

と、目をほそめた市長を思い出しました。

「子どもたちのために……」

岡部さんは、この言葉《ことば》、どこかで聞いたぞ、と思いました。

そうそう、町衆《まちしゅう》の心意気《こころいき》を感《かん》じさせた、あの出来事《できごと》です。全国にさきがけて、京都

に小学校が作られた「かまど金制度《きんせいど》」の話を聞いたときです。

かまどがある家は、「子どもたちのために、お金を出して学校を作る」。これからを生きる子どもたちのために、損得《そんとく》言わずに、自分たちから動《うご》き出した、あの出来事《できごと》です。町衆《まちしゅう》の心意気《こころいき》が感《かん》じられた、あの伝統《でんとう》は、今も人々の中に生きているのです。

京都は、地球温暖化《ちきゅうおんだんか》という人類《じんるい》の心配事《しんぱいごと》のために、世界《せかい》の人が集《あつ》まって、努力《どりょく》する目標《もくひょう》を数字を出して決《き》めた場所です。

だから、世界《せかい》の心ある人たちが、「京都をやろう」「京都で決《き》めたことを、行動《こうどう》していこう」と、口にするのです。

京都の人たちが、行動《こうどう》し始《はじ》めました。

一人一人が、京都で開《ひら》かれたCOP3の会議《かいぎ》を忘《わす》れないために、毎月十六日に、「ライトダウン」をしています。京都議定書《きょうとぎていしょ》が発効《はっこう》した日が、二月十六日だからです。

参加《さんか》するところが、どんどん増《ふ》えて、今は六百か所以上《いじょう》になっています。

その日、京都タワーも、ほの白く夜空にうかびました。看板《かんばん》の照明《しょうめい》を消《け》すところ、イルミネーションを消《け》すところ、ホテルや事務所、コンビニが、明るさをおさえました。

（十五）よみがえる体操服《たいそうふく》

その日、岡部さんは、御所南《ごしょみなみ》小学校へ行きました。

この前、学校に来たとき目についたゴーヤのカーテンは、とりのぞかれていました。もうすぐ春です。

昇降口《しょうこうぐち》を入ると、ドッジボールがならんでいました。八個です。「体操服《たいそうふく》！　いってらっしゃい、おかえりなさい」のとりくみを、子どもたちが目にしやすいようにしているのです。

講堂《こうどう》には、全校生徒《せいと》が集《あつ》まっていました。お父さんやお母さんや、地域《ちいき》の人たちの姿《すがた》も、ちらほら見かけます。

各《かく》学年、一年間、環境学習《かんきょうがくしゅう》でとりくんだことを、発表《はっぴょう》しあう会をしようとしているのです。どの学年も、どうしたら自分たちの学んだことがみんなに伝《つた》わるか、いろいろ工夫《くふう》しているようです。

四年生は、「水」をテーマに、環境学習《かんきょうがくしゅう》をしてきました。

京都の豆腐《とうふ》は、おいしいと言われています。それは、京都の三方を囲《かこ》む山々に降《ふ》った雨が地下を流《なが》れてろ過《か》され、おいしい地下水が得《え》られるからだと教えてもらいました。

昔《むかし》から続《つづ》く豆腐屋《とうふや》を見学させてもらうなかで、さいきん心配《しんぱい》されている地下水のことを聞いたので、調《しら》べてみたのです。

みんなの身近《みぢか》な水である鴨川《かもがわ》を見に行きました。

河原《かわら》を歩いたり、水辺《みずべ》で遊《あそ》んだりしました。みんなの目や心が見つけた鴨川《かもがわ》を、絵に描《えが》いたり作文を書いたりしました。

それから、手分けして、地域《ちいき》の人に、七十年前の鴨川《かもがわ》のようすを聞きに行きました。

「発表《はっぴょう》は、模造紙《もぞうし》になんか書いて、説明《せつめい》だけするのはつまらないで。」

「作文よむのも、おもろないわ。」

「だったら、どうするのがええと思う？」

「実験《じっけん》したらええのとちがう。ほら、森に木がなくなるとどうなるか、森林組合の人が、説明《せつめい》してくれたやないの。」

みんなは、はっきり思い出しました。四、五、六年生が、山と川の話を聞いたことがあります。あのとき、森林組合の人は、幅《はば》の広い長い板《いた》を運《はこ》んできました。五、六メートルはありました。それをななめにして、「これは山の斜面《しゃめん》です。」と、言いました。それから、じょうろを持《も》ち出しました。

「この中の水は、雨です。」

組合の人は、じょうろをかたむけて、板《いた》に水を注《そそ》ぎました。

「山に雨が降《ふ》っています。」

じょうろの水は、板《いた》を流《なが》れていきます。

「もし、山に木が植《う》えられたら、どうなると思いますか。」

組合の人は、板《いた》にぞうきんをならべていきました。

「このぞうきんは木です。今、この山に木が植《う》えられました。」

じょうろの水は、注《そそ》がれ続《つづ》けています。

ぞうきんが水を吸《す》っていきます。ついさっきまで流《なが》れていた水は、ぽちっとも流《なが》れなくなりました。

水を吸《す》いこんだぞうきんは、どんどんふくれて、しばらくすると表面《ひょうめん》から水がしみ出してきました。水は、下のほうから、ちょろちょろと流《なが》れだしました。

「ほんとうの山では、ぞうきんにふくまれた水は、地面《じめん》の下にしみこんでいきます。

それが地下水になるのです。地面《じめん》の中は、大きな石や砂利《じゃり》や砂《すな》が、何重《なんじゅう》にも積《つ》み上がっています。その中を、水は通って、ろ過《か》されて、きれいな水になります。木を植《う》えられた山は、たくさんの水を、貯《た》めることができるのです。」

じょうろの水は、もうなくなりました。

「さて、雨が止んだようです。」

森林組合の人は、笑《わら》いながらじょうろをかたづけました。それから、ぞうきんをとりのけました。

「この山は、木が切られたままのはだかの山です。」

組合の人は、板《いた》の上に砂《すな》をもり上げました。

「ここに雨が降《ふ》ったら、どうなると思いますか。今度《こんど》の雨は台風です。」

（大雨が、砂《すな》をおし流《なが》す）、そんな予測《よそく》を立てて、目をこらす子がいます。

森林組合の人が、バケツで雨を降《ふ》らせました。

「あれーっ、どうなってるの?」

声があがりました。みんなは、板《いた》の上を見ようと、のびあがりました。

砂《すな》は流《なが》れませんでした。水が、一気に板《いた》を流《なが》れ落《お》ちました。あっという間に、ゆかをぬらしました。

「おそろし……。」

だれかがつぶやいた声は、みんなの声でした。説明《せつめい》より見せる方がわかりやすい、そうあのとき、感《かん》じたのです。

四年生は、相談《そうだん》を続《つづ》けました。

「劇《げき》をしたら。たとえば、鴨川《かもがわ》。鴨川《かもがわ》が主人公《しゅじんこう》の話を作って、みんなでやったら。」

「おもしろそう。」

「けど、すぐにやれないんとちがう。」

「それなら、テレビがええわ。」

「テレビ？」

「ほら、ニュースで、インタビューをやるやんか。」

「いいかも。アナウンサーがマイク持《も》って、取材《しゅざい》するやろ。時間がなくても、劇《げき》みたいにやれるのとちがう。」

そんな相談《そうだん》があって、発表会《はっぴょうかい》では、四年生全員《ぜんいん》がステージにあがって、鴨川《かもがわ》のある時間を再現《さいげん》することになったのです。

順番《じゅんばん》が来ました。四年生全員《ぜんいん》が、ステージに上がりました。

「子どもニュースです。今日は、中継《ちゅうけい》をメインに、『ストップ、地球温暖化《ちきゅうおんだんか》』を考えてみたいと思います。」

ステージのみんなは、鴨川《かもがわ》の河原《かわら》のようすを、表現《ひょうげん》していきます。デートをたのしむカップル、お弁当《べんとう》を食べるファミリー、犬をつれた人や車いすの人、つえをつくおとしよりも散歩《さんぽ》をしています。音楽がなってダンスが始《はじ》まりました。

マイクをもった人が、取材《しゅざい》をしています。

「あなたは、鴨川《かもがわ》をどう思いますか。」

「いつまでもきれいでいてほしい。遊《あそ》びにきたいとこやねん。」

「わたしも、きれいな鴨川《かもがわ》がすきや。ゆりかもめが鴨川《かもがわ》におると、白い花が咲《さ》いたみたいで、きれいやわあ。」

インタビューアーが、質問《しつもん》します。

「鴨川《かもがわ》がきれいでい続《つづ》けるために、あなたは何をしていますか。」

「ゴミを落《お》とさんようにする。ポイ捨《す》て禁止《きんし》。」

「空気を汚《よご》さない。」

インタビューアーが、おどろいたように、答えた人にマイクをむけます。マイクは、モップを工夫《くふう》して、作られています。

「空気ですか？」

「そうや。空気が悪《わる》うなったら、わたしら生きていけへん。」

「自動車《じどうしゃ》に乗《の》るのを減《へ》らさんと、地球《ちきゅう》が暑《あつ》うなって、そのうち地球《ちきゅう》もおかしいなるのとちがう。」

「地球《ちきゅう》が死《し》んだら、わたしらかて死《し》ぬなあ。」

インタビューアーが、話題《わだい》を変《か》えました。

「おばあちゃん、京都のおいしいモノは何ですか。」

「わたしゃ、オトフやな。京都の水は、ええ水やし。」

京都のおとしよりは、お豆腐《とうふ》をオトフと言います。みんなは、それをおぼえて使《つか》います。

「山を守《まも》らなあきまへんなあ。京都の山は、よい木をぎょうさん植《う》えとります。」

「山も川も、木も草も、鳥も虫も、みんな仲良《なかよ》う暮《く》らせたら、いつまでも楽しい鴨川《かもがわ》でいられます。」

四年生たちは、みな、鴨川《かもがわ》をたのしむ人になりきっています。


二〇一〇年、春、一年生の体育の時間です。

「はーい。みんな、となりのひとにくっついて、それから、かにのようにぞりぞり横《よこ》に歩いて、となりの人とぶつからないくらいはなれましょう。」

まっ白な体操服《たいそうふく》が、横《よこ》に動《うご》いて、校庭《こうてい》に広がっていきます。

新聞記者《しんぶんきしゃ》が、カメラをかまえています。記事《きじ》にしようとしているのです。

記者《きしゃ》は、COP3が忘《わす》れられないように、あれからずっと、二酸化炭素《にさんかたんそ》を減《へ》らそうとする活動《かつどう》を、記事《きじ》にして書き続《つづ》けているのです。

先生の号令《ごうれい》に合わせて、子どもたちが、準備体操《じゅんびたいそう》を始《はじ》めました。

休み時間、記者《きしゃ》は、一年生に感想《かんそう》を聞きました。

「着《き》やすくてすずしい。」

「あせすってくれるから、気持《きも》ちいい。」

「からだが、ふわっとうくみたい。」

「いっぱいとべる。」

「幼稚園《ようちえん》のとき、とべへんかったとびばこ、とべたで。」

かわいい感想《かんそう》に、記者《きしゃ》がほほえんでいます。

岡部さんを職員室《しょくいんしつ》まで追《お》いかけてきて、

「わたしらもゴミにならない服《ふく》が着《き》たい」

と、うったえた女の子たちの願《ねが》いが、形になって広がっていきます。

そのころ、岡部さんは、ひさしぶりにピンホールカメラをかかえて、鴨川《かもがわ》の河原《かわら》を歩いていました。よく晴れています。空をあおぐとまっさおでした。

「ああ、いい気持《きも》ち。」

思わずのびをしました。

「空気がもっとうまかったら、ええのになあ。」

鼻《はな》のいい岡部さんは、自動車《じどうしゃ》の排気《はいき》ガスのにおいを感《かん》じました。

「そのうち空気も、もっとよくなるで。」

「DO　YOU　KYOTO?」世界《せかい》の合い言葉《ことば》となって、使《つか》われ始《はじ》めた言葉《ことば》。『京都議定書《きょうとぎていしょ》』ができた街《まち》を自覚《じかく》して、着物《きもの》の市長さんは、「DO　YOU　KYOTO?」を、多くの人とやろうとしているにちがいありません。自動車《じどうしゃ》に乗《の》らない日をつくったり、自転車の道をととのえたり。

四条大橋《しじょうおおはし》をこえたところで、岡部さんは、ばったり蜂ケ岡《はちがおか》中学の校長先生に会いました。

「こんにちは。こんなところで会うなんて……。」

「ほんまやなあ。ぐうぜんやけど、うれしいぐうぜんや。わしなあ、来春、退職《たいしょく》するんやわあ。そしたら、町衆《まちしゅう》として、子どもたちを応援《おうえん》するで。」

「先生、よみがえる体操服《たいそうふく》、御池《おいけ》中でも始《はじ》まりました。ぽんぽんと飛《と》び火して、もう七校で、とりくみが始《はじ》まります。滋賀県《しがけん》でも、スタートする学校があります。」

「そうかね。ゴミがゴミにならない。子どもがいなければできないエコ活動《かつどう》。いつかきみから聞いた女の子たちの願《ねが》いが、いよいよ花さいていくんやな。

この『体操服《たいそうふく》！　いってらっしゃい、おかえりなさい』の活動《かつどう》は、子どもらの元気が、いつまでも続《つづ》くようで、親たちにとっても明るい未来《みらい》に目が向《む》くようや。」

二人は空を見あげました。

明るい空が広がっています。青い空をうつして、鴨川《かもがわ》がきらきらかがやきながら流《なが》れていきます。

「ここで一枚《まい》、とりますか。」

岡部さんは、ピンホールカメラをセットしました。校長先生が、鴨川《かもがわ》をバックにポーズをとりました。

「先生、ぼくがとるのは、太陽ですよ。太陽。」

「えっ、太陽？」

先生は、はずかしそうに頭をかいています。

二人は、顔を見合わせて、思いっきり笑《わら》いました。二人の笑顔《えがお》を、日の光がかがやかせています。

ちょっと長いあとがき

二〇一〇年の晩秋《ばんしゅう》、鴨川《かもがわ》にユリカモメが数を増《ま》し、わたしたちの目には、いつもの冬とかわりない風景が映《うつ》って、

「この冬も暖《あたた》かいのかしら。」

「琵琶湖《びわこ》のためには、雪が降《ふ》ってくれると良いけれど……、」

「あまり寒いのは、かなわんえ。京都は底冷《そこび》えがきびしいおすし。」

と、どこかのんびりした会話が交わされていました。

『地球環境に問題が起きている』『地球温暖化は人類滅亡《じんるいめつぼう》への警鐘《けいこく》だ』と、科学者や意識の高い人々が声高《こえだか》に叫《さけ》んでも、多くの人は右から左へ聞き流すか、「やいやい言

われては、何にもせんとワルモンみたいでかなわんし、一つくらいやってみますか」くらいの軽い考えで、手軽なリサイクルが日常化《にちじょうか》し始めていました。

そんな中、子どもたちの環境学習への取り組みは、着々と行われていました。

二〇一一年、三月十一日十四時四十六分ごろ、三陸沖《さんりくおき》を震源《しんげん》に、我《わ》が国の観測史《かんそくし》上最大《じょうさいだい》のマグニチュード九・〇の地震が発生しました。千年に一度と言われる大地震でした。

津波が防波堤《ぼうはてい》を乗り越えて、襲《おそ》ってきました。船が、自動車が、家が、押《お》し流されていきました。人が、生き物が、道路が、田畑が、濁流《だくりゅう》に呑《の》み込《こ》まれました。

二万人にもおよぶ人が亡くなったり、行方不明になりました。

愛する家族や生活を奪《うば》われた人々を思って、被害《ひがい》を受けなかった者もみな、心を乱《みだ》しました。今も、その方々のことを思うと、どうしたらいいのかと、思い悩《なや》みます。

そんな中で、東京電力福島第一原子力発電所の事故《じこ》は起こりました。福島第一原子力発電所には、六基《ろっき》の発電炉《はつでんろ》があります。

地震発生当時、一号から三号まで三基の原子炉《げんしろ》が稼働《かどう》していましたが、四号から六号基《き》は定期点検中で停止《ていし》していました。

稼働中《かどうちゅう》の三基《き》は、震度六強の強い揺《ゆ》れを感じて停止《ていし》しました。自動停止装置《じどうていしそうち》が働いたのです。次は、原子炉《げんしろ》に水を入れて、核燃料《かくねんりょう》を冷やさなければなりません。核燃《かくねん》料《りょう》を冷やさないと、金属の管《くだ》の中におさめられている放射性物質《ほうしゃせいぶっしつ》が、原子炉《げんしろ》に流れ出してしまいます。

ところが、水を入れる装置《そうち》が動きません。電気がこないのです。

原子力発電所は電気を作る施設《しせつ》ですが、地震で停止装置《ていしそうち》が働いたこの原発《げんぱつ》は、電気が作れません。ですから、他の発電所から電気を送ってもらわなければなりません。

ところが、地震で送電設備が壊《こわ》れてしまいました。自家発電機も津波で使えません。

誰《だれ》もが一刻《いっこく》も早い収束《しゅうそく》を望《のぞ》みました。けれど、事態《じたい》は悪化《あっか》の一途《いっと》をたどって、三月十二日には、一号基《き》で水素爆発《すいそばくはつ》が起こり、十四日には三号基《き》、十五日には二号基《き》で爆発が起こりました。十五日には、四号基《き》の使用済み燃料《ねんりょう》プールでも爆発《ばくはつ》が起こりました。テレビで実況《じっきょう》放送される爆発《ばくはつ》のようすは、何が起こっているのか分からないいま、大変なことが今起こっているという不安だけが、人々の心を満たしました。

三月十六日になって、自衛隊《じえいたい》や東京消防庁などによる放水が始まりました。が、テレビの映像《えいぞう》を見ていると、もどかしいほど作業は困難《こんなん》でした。この日、電源回復の作業も始まっています。

このあとがきを書いている今は六月、事故から三カ月が経っています。後から後から、不測の出来事に見まわれ、まだ収束《しゅうそく》の見通しもたっていません。

一号基《き》から三号基《き》の原子炉《げんしろ》に入っている核燃料《かくねんりょう》と、四号基《き》の使用ずみプールに入っている核燃料《かくねんりょう》を、一〇〇℃以下に保《たも》つために、急いで冷却装置《れいきゃくそうち》を設置《せっち》しなければなりません。それから、爆発《ばくはつ》によって飛び散《ち》った放射性物質《ほうしゃせいぶっしつ》や海に放出した汚染水などを含《ふく》めて、外に出てはならない放射性物質《ほうしゃせいぶっしつ》を、閉《と》じこめなければなりません。困難《こんなん》な状況《じょうきょう》の中、放射能計測器《ほうしゃのうそくていき》を身につけて作業にあたる方々の健康が気になります。

避難指示《ひなんしじ》が出て、原発《げんぱつ》から二〇キロメートル圏内《けんない》には、人が住めなくなりました。町民も役場の機能《きのう》もすべて町の外へ避難《ひなん》せざるを得なくなった町があります。幼《おさな》い子どもへの健康被害を恐《おそ》れて、自主的に故郷《こきょう》を出た人たちがいます。仕事を失った人たちもいます。福島県産という風評被害《ふうひょうひがい》も発生しました。人間ばかりが、被害を受けたのではありません。酪農家《らくのうか》が飼育していた生き物たち、自然界のものを言わない動植物も、被害を受けていることを忘れてはならないでしょう。

原子力発電で作られる電気は、安いと言われてきました。でも、これらの人々への補償《ほしょう》の額《がく》を考えると、安い電気ではありません。それよりなにより、この事故で人生が狂《くる》ってしまった人たちがいるのです。安い電気は、この人たちの犠牲《ぎせい》の上に成り立っていた価格でした。こんなことが起きるなんて……、こんな過酷《かこく》な現状《げんじょう》を引き受けさせられるなんて……、この人たちもわたしたちも、知りませんでした。「原発は安全だ」と言われて、原発のマイナス面を学んでこなかったのです。わたしたちの便利で快適《かいてき》な暮《く》らしは、胸《むね》の痛《いた》みを味合わせ続ける問題の基礎《きそ》の上に築《きず》いた城のようなものでした。

その上、原発は、放射性廃棄物《ほうしゃせいはいきぶつ》を出します。プルトニウム二三九は、放射能《ほうしゃのう》を出さなくなるまでに二万四千年かかると言われます。子どもたちの時代、その子どもの時代にも、原発から出たゴミは残っているのです。そして、そのゴミは、どう処理《しょり》して良いか分からない廃棄物《はいきぶつ》です。

わたしは、今、福島県を出て、新しい地（滋賀県）で生きようとしている家族を思っています。盲《もう》学校の先生が、自分の家の空いた部屋を、その人たちに提供したのです。先生は言います。「ぼくの夕飯は、豪華《ごうか》になりました。」先生は独身です。缶詰《かんづめ》の夕飯が多かったそうです。それが今、五人で食卓を囲んでいるそうです。先生の話をきいていると、「しあわせそう」と、わたしまで嬉《うれ》しくなってきます。わたしたちは、しあわせって何かを問い直さねばならないでしょう。

こんな事実を並《なら》べて考えてみると、森作りの森さんが言ったことを、みんなで考え合うことは、「これから」を思い描《えが》くために、よいモデルになるのではないか、と思い始めました。

森さんは、太陽の恵《めぐ》みの範囲《はんい》で生きる暮《く》らしを始めてみよう、と呼びかけていました。森さんは、老子の『足ることを知れば、辱《はずかし》められず、止まることを知れば、あやうからず』という言葉を、心に留めています。森さんは、「しあわせ」を、人の居場所《いばしょ》、出会い、交わりの、ここちよい密度《みつど》を、暮《く》らしの具体的な場所の中で考えていきます。

森さんの暮《く》らしは、貧しくありません。いや、都会の人がうらやましがるような、豊かさがあります。手垢《てあか》のついた言葉をはみだす新鮮《しんせん》な暮《く》らしです。森さんのたいせつにする「しあわせ」は、人と人がその存在を必要としあう暮らしです。それぞれが役目を担《にな》う家族を、大切にしています。

わたしは、原発事故が起きる前から、自然エネルギーに関心を持っていました。でも、三月十一日を経験した今、あれはポーズだったのではないか、と反省しています。わたしは、いま、自然エネルギーの可能性をきちんと学びたいと願うようになりました。

わたしたちは、暮《く》らし方を見直さなければならないのでしょう。この事故が収束《しゅうそく》し復興《ふっこう》が行われるとき、事故の前と同じような価値観《かちかん》や暮《く》らしを取り戻《もど》すのではなく、新しい価値観へ、人間の、多くの生き物の命が大切にされる暮《く》らしへ、方向転換《ほうこうてんかん》しなければならないはずです。

わたしたちは、自然に負担をかけ、激《はげ》しい痛みを加えて、自然破壊を進めてきました。バランスを保《たも》っていた自然は、今や病んでいます。

自己規制《じこきせい》する能力を、わたしたちは育てることができるのでしょうか。わたしたちの欲望《よくぼう》を、コントロールできるのでしょうか。

もし、わたしたちが、地球と共に生きながらえることを望むなら、自然がもつ自然の治癒力《ちゆりょく》が働くところで、人間の発揮《はっき》する力を抑制《よくせい》しなければならないでしょう。それが難問《なんもん》です。

この作品をまとめているとき、京都には「始末する文化」があると、教えられました。始末するというのは、一つのモノを最後まで生かし切る事だそうです。着物で考えてみると、縫《ぬ》い直して何度もきた着物は、布団の側《かわ》になります。それでも傷《いた》んだら、よいとこどりをして座布団《ざぶとん》になります。それが傷《いた》んだら、雑巾《ぞうきん》にするのだそうです。もう一つ、大きく使って、小さくしまう文化があるとも教えられました。たとえば、ふろしきです。たとえば、扇子《せんす》です。ていねいに使い続けるために、不用のときしまっておきやすい形を、大切にしているようでした。

京都の町衆は、明治という新しい時代が始まるとき、身銭《みぜに》を切って子どもたちのために学校を作りました。新しい社会に希望を持って、子どもたちのために、子どもたちが生きる未来の社会のために、痛みを感じても決断し実行したのです。

福島第一原発事故を経験したわたしたちは、今、これからの暮《く》らしを考え直そうとしています。この思いが長続きして、これからの暮《く》らしが見通せますように。


この作品をまとめるに当たり、京都市の教育機関、教育関係の方々に、たくさんお世話になりました。ありがとうございました。

アマガエルフォトの岡部達平さん、アイトワの森さん。この方々の活動がこの本を生み出しました。出会いと交わりを感謝しています。

編集者の村角あゆみさんの力を得て作り出されたこの本が、「これから」の暮らしを考える時、話題提供ができる一冊となりますよう願っています。

著●今関信子（いまぜき　のぶこ）

1942年東京生まれ。幼稚園教員を経て、児童文学作家となる。日本児童文学者協会会員。子どもの文化研究所所員。作品に「琵琶湖のカルテ」（文研出版）、「こちら110番動物園」「ぼくらの作った『いじめ』の映画」「三河のエジソン」（佼成出版社）、「地雷のまちで『寺子屋』づくり」（PHP研究所）など多数。

協力●岡部達平（アマガエルフォト）

●森　孝之（アイトワ）

カバーデザイン●オーク

・イラスト：かみやりょうこ

・P21の写真：松村和彦

・P11の写真：元京都市立粟田小学校

・P67の写真：パタゴニア日本支社

・P188の写真：京都新聞社

永遠に捨てない服が着たい

太陽の写真家と子どもたちのエコ革命

2012年 2月　初版第1刷発行

2013年 6月　初版第3刷発行

著	今関信子
発行者	政門一芳
発行所	株式会社 汐文社 東京都文京区本郷1-34-5　〒113-0033 電話03－3815-8421　FAX03－3815-8424 http://www.choubunsha.com
印刷・製本	株式会社 飛来社

ISBN978-4-8113-8838-0